普通高等教育艺术设计类"十二五"规划教材

# 首饰设计与赏析

丁希凡　编著

U0291647

中国水利水电出版社
www.waterpub.com.cn

## 内 容 提 要

本书的主要内容包括首饰设计概论、首饰设计的方法与步骤、首饰设计的元素、首饰创意性的设计理论、首饰设计表达和首饰赏析。全书的编写结合首饰设计的实例，分析各式风格首饰的不同特点，在理论与实践结合的基础上，以培养大学生的艺术修养为核心，对首饰设计的概念、创意理念、灵感启蒙及表现方法进行详细讲解。

本书可作为高等院校、高职高专相关课程教材和鉴赏读物，也可供对首饰设计有兴趣的爱好者参考。

**图书在版编目（CIP）数据**

首饰设计与赏析 / 丁希凡编著. -- 北京 ： 中国水
利水电出版社，2013.8（2024.7重印）.
普通高等教育艺术设计类"十二五"规划教材
ISBN 978-7-5170-1194-1

Ⅰ．①首… Ⅱ．①丁… Ⅲ. ①首饰－设计－高等学校
－教材 Ⅳ. ①TS934.3

中国版本图书馆CIP数据核字(2013)第200656号

| | | |
|---|---|---|
| 书　　　名 | 普通高等教育艺术设计类"十二五"规划教材<br>**首饰设计与赏析** | |
| 作　　　者 | 丁希凡　编著 | |
| 出版发行 | 中国水利水电出版社<br>（北京市海淀区玉渊潭南路 1 号 D 座　100038）<br>网址：www.waterpub.com.cn<br>E-mail：sales@mwr.gov.cn<br>电话：（010）68545888（营销中心） | |
| 经　　　售 | 北京科水图书销售有限公司<br>电话：（010）68545874、63202643<br>全国各地新华书店和相关出版物销售网点 | |
| 排　　　版 | 中国水利水电出版社微机排版中心 | |
| 印　　　刷 | 清淞永业（天津）印刷有限公司 | |
| 规　　　格 | 210mm×285mm　16 开本　7.5 印张　205 千字 | |
| 版　　　次 | 2013 年 8 月第 1 版　2024 年 7 月第 2 次印刷 | |
| 印　　　数 | 3001—4000 册 | |
| 定　　　价 | 45.00 元 | |

在当今世界文化生活中，首饰作为一种文化载体，已经超越了传统审美原则的局限。在这日新月异的时代，我们将怎样思考自身文化？怎样安排日常的生活？怎样装扮个人的仪态？何为时尚？怎样发掘、把握时尚？怎样感知时尚？服装设计不可无时尚，包装设计不可无时尚，环境设计不可无时尚，产品设计不可无时尚，生活不可无时尚，首饰设计当然也不可无时尚，设计在时尚中前进，时尚在设计中凸显。即使佩戴一件小小的首饰，都应该建立在积极进取的人生态度基础上，这是生活情趣质量的提升，也是对个人审美的培养。

编著本书的初衷就是基于对时尚的思考，探讨一些散布在设计领域的时尚元素和时尚理念，探讨时尚在信息时代的价值及首饰设计中时尚的时代特征。我无意以时尚来驾驭所有的设计，但设计回避不了时尚，尤其是首饰设计。

本书鉴于现代时尚首饰设计基础教程的需要，编写力求图文并茂并完整地概括时尚首饰设计的相关内容，包括东西方首饰的历史、概念、设计方法与步骤、设计元素、设计表现技法，以及笔者对时尚的理解、对时尚理念的认识并介绍一些时尚资讯等。本书以适用于目前各类高校艺术设计专业课程教学为目的，或可作为学科交叉的通识课程教材，激发学生的设计、创作思维。

每一个人，不管是否有美术基础，都具有创作的潜在能力，本书的编写也希望能提高普通读者对首饰的赏析能力，也能为他们进行实践性的指导。

感谢中国水利水电出版社的支持，使我的想法最终能成书。

把握时尚可以使你在不同的设计领域走在前沿，首饰也是个人情趣和品位的体现。希望读者阅读本书后，可以产生一些首饰创作的灵感，也能对时尚有更深层次的理解。

编 者
2012 年于上海交通大学

目 录

Contents

# 目 录
## Contents

# 第1章 | 首饰设计概论

# 1.1 首饰的概念

## 1.1.1 首饰的定义

"首饰"一词在《辞海》中被定义为佩戴于头上的饰物,"首"即为"头"。后来,随着时代的发展,"首饰"一词的含义不断扩大,所指饰物不仅仅限于头饰。如今,随着大量新理念、新工艺、新商机、新需求的涌现,首饰所指的是使用各种材料(包括金属、天然珠宝玉石、人工宝石、塑料、木材、皮革等多种材料)用于个人装饰及相关环境物品装饰的饰品,是文化艺术与科学技术相融合的工艺品。它在佩戴者身上起到装扮修饰的作用,反映了佩戴者的物质与精神状态。

首饰这一名词的涵义已经从简单的头部装饰发展到头、手、颈等各个部位饰品的总称。到了现今,随着社会发展节奏加快,新材料、新观念不断产生,首饰的范围也越来越广。

## 1.1.2 首饰的起源

首饰源于何时,如何产生,至今还无人知晓。但依据现今所掌握的考古资料,首饰的起源可以追溯到石器时代。首饰的诞生,是为了满足原始人类生存和精神的需要,人们佩戴首饰是出于自我保护的目的,这类饰物最初完全是从实用意义出发的。后来,图腾崇拜和各种禁忌为首饰披上了神秘的面纱。在现代社会中,首饰被赋予了太多的涵义,成为人们对审美和情感的重要载体,它凝聚了人们的情感和心理诉求,并从中得到某种精神的慰藉与力量。首饰起源的因素和动机是多方面的,主要包括:自我保护、原始巫术、避邪、图腾崇拜、审美因素、象征性、情感需要、模仿性、炫耀和习俗等(见图1-1和图1-2)。

图1-1 图腾崇拜的玛雅贝壳垂饰　　　　图1-2 象征王权的象牙臂环

## 1.1.3 首饰的分类

首饰的分类有多种形式,因此对于首饰分类的全方位理解是全面掌握首饰知识的关键。

（1）按设计风格分类：传统首饰、现代首饰和个性化首饰等。

（2）按材质分类：贵金属首饰、仿金首饰，珠宝首饰和其他材质首饰等。

（3）按用途分类：摆件首饰、挂件首饰、时装首饰和婚礼首饰。

（4）按类型分类：时尚首饰、艺术首饰、时装化首饰、概念首饰、仿真首饰、商用首饰、跨界首饰和传统首饰等。

（5）按市场分类：商用首饰和艺术首饰等。

（6）按工艺分类：镶嵌类首饰和非镶嵌类首饰。

（7）按使用对象分类：男性（男装）首饰、女性（女装）首饰、儿童首饰和老人首饰等。

（8）按装饰部位分类：头部装饰包括发带、发夹、发卡、插花、梳篦、簪钗等；颈部装饰包括项链、项圈、吊坠、挂坠等；脸部装饰包括耳环、耳钉、耳坠、鼻环；手臂装饰包括手镯、手链、臂环、戒指、袖扣；脚部装饰包括脚镯、脚链；胸部装饰包括胸花、胸针、别针、徽章、领带夹。

# 1.1.4　首饰设计的要素与原则

首饰设计，指把首饰的构思、造型及材料与工艺要求，通过视觉的方式传达出来并实施制作或生产的活动过程，它是一种造型设计，强调功能与美学造型的一致性。它的核心内容大致包括三个阶段：创意与构思阶段，主要考虑到现代人的生理、心理需求和工艺技术条件；视觉传达阶段，主要把构思、造型利用视觉可接受的方式表现出来，并标明材料与工艺等内容；设计的物化阶段，主要是将构思真正实现在作品之中。首饰设计有以下几个要素与原则。

（1）审美原则：首饰的功能就是装饰性，因而首饰设计成功的关键首要的就是其审美功能，设计的款式必须让人觉得十分美观，这是首饰设计成功的关键。

（2）实用原则：首饰设计属于工艺美术，工艺美术又称为实用美术，就是设计的物品是否实用，这是检验设计是否成功的另一标尺。

（3）经济原则：设计是否最大限度地符合市场的需要，是否满足消费者的客观需求，促进产品利润的最大化，这是商业首饰的基本要求。

（4）工艺原则：设计是否适应生产工艺的要求，是否扩大或节约生产成本，这些也是设计者必须认真思考的环节。

# 1.1.5　首饰类型的相关概念

## 1. 时尚首饰

时尚首饰是一种具有时尚性特征的首饰，其特点是融入了时尚的理念和时尚的造型，时尚的材料、工艺、色彩等元素，属于具有时尚价值的首饰（见图1-3）。

## 2. 时装化首饰

时装化首饰是一种选材随意、佩戴方式多变、设计夸张独特，与时装搭配密切的而又适合市场销售的首饰，它的最大特点就是重装饰，造型夸张，追求纯粹的艺术性但是实用性不强（见图1-4）。

图 1-3　时尚首饰示例

图 1-4　时装化首饰示例

### 3. 概念首饰

概念首饰是一种最丰富、最深刻、最前卫也最代表工艺发展和设计水平的首饰。概念首饰以创新为本位，以试验为基础，以未来需要为导向，无论是在理论上，还是在实践中，概念首饰设计都属于一种设计形态。它的最大特点是具有前卫精神，注重的是创新（见图1-5）。

### 4. 仿真首饰

仿真首饰是指模仿某物品的外形或结构形式而设计的首饰，其特点是款式多样、视觉效果丰富、独特（见图1-6）。

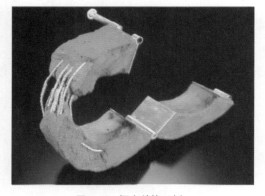

图 1-5　概念首饰示例

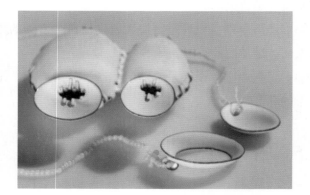

图 1-6　仿真首饰示例

### 5. 商用首饰

商用首饰是一种目前流行于市场的商品化珠宝首饰。商用首饰从某种程度上代表高水平创意设计的社会及经济基础，其特点是造型和材质使用符合普通大众的消费心理，绝对追求商业利益的市场定位（见图1-7）。

### 6. 现代首饰

现代首饰是一种在现代社会文化背景下产生的，相对于传统首饰而言的首饰。它的特点是蕴涵现代设计理念，具有全新功能（见图 1-8）。

图 1-7　商用首饰示例　　　　　　　　　　图 1-8　现代首饰示例

### 7. 艺术首饰

艺术首饰指在首饰创作过程中，通过对传统首饰观念的继承与变革，以及独特艺术语言的加入，逐渐摆脱传统首饰中材料的保值观念，拓展其原本单纯依附于人体的装饰功能，使首饰成为艺术表达的手段与载体，也使得首饰与艺术品的界线变得模糊，从而也拓宽了首饰的艺术表现空间。艺术首饰的特点是关注首饰作品的艺术表现力和精神内涵，把雕塑变成首饰或把首饰变成雕塑（见图 1-9 和图 1-10）。

图 1-9　艺术首饰示例（一）　　　　　　　图 1-10　艺术首饰示例（二）

### 8. 跨界首饰

跨界首饰是一种颠覆了传统意义上首饰概念的首饰，在功能上除了原有的佩戴和装饰功能，还增加了新的属性，不单纯是跨界设计者的风格的变化，或是在材料和技术工艺等方面的创新和改变，而是一场更为彻底的革命。跨界首饰的特点是：①有了更多实用价值和内涵，使其成为具有首饰形态的功能性产品；②用艺术创作的手段来完成首饰，拓展了首饰的概念界定；③突破了首饰原有的规则和限制，延伸出更多的可能性（见图1-11～图1-13）。

图1-11　跨界首饰示例——寿司挂件　图1-12　跨界首饰示例——食品包装和塑料瓶盖挂件　图1-13　跨界首饰示例——食品包装挂件

尽管各种类型的首饰从材料和工艺等方面都有相似的地方，但也有各自独特的地方，每一种类型的首饰都有自己的特点。

# 1.2　首　饰　的　历　史

人类的装饰活动和装饰艺术源远流长。最早可追溯到史前时代，我们的先民就采用各种各样的装饰物在人体各部位进行具有各种目的和意义的装饰。最初人们佩戴首饰直接取材于自然界的兽牙角骨、皮毛尾羽、竹木花草等，其意义是为了自我保护。人类在与大自然的斗争中，为了求得生存，制作了一些具有防身作用的护饰物。经过不断发展，人类装饰的范围、对象和材料不断扩大，从动、植物类饰物扩展到金属玉珠、染织挑绣等充满艺术品位的装饰物。这时，首饰实现了其第二个功能，即作为地位和财富的象征而存在，满足人的尊重需要。这些金银珠宝除了贵重和美观之外还有持久耐用的特点，因此被赋予了情感载体的精神内涵。最后，首饰和人体的密切关系也是人们选择首饰作为情感载体的原因之一。

## 1.2.1　中国首饰发展史

### 1. 原始时期

距今18000年前的北京周口店"山顶洞人"遗址，发现有穿孔的兽牙、钻孔的石珠和刻线的骨管，其中穿孔的兽牙就有120多个。这些装饰品，可以说是我国最早的首饰品。

（1）首饰的种类。

原始时期的首饰种类主要有项饰、骨坠、骨镯、牙梳等。首饰主要以葬玉为主，以红山文化、龙山文化、良渚文化中的首饰为代表。

（2）首饰的材质、颜色及纹饰。

材质主要有天然的石块、骨片、兽牙、海贝、螺壳、玛瑙及动物皮草等。饰品颜色大多为饰品材质的颜色，但有的饰品还被染成红色加以美化。

（3）形制工艺。

山顶洞人在加工工艺方面已开始使用钻孔、刮削、磨光、刻纹等技术。发现的带孔小石珠，形状虽不规则，但大小却整齐一致。

（4）首饰的题材。

首饰题材有动物、神兽、天象以及各式特定涵义的几何纹饰和造型。

（5）艺术特征。

装饰是原始社会人们精神生活的体现，它的出现带有浓厚的宗教性和象征性。正因为此，首饰装饰的宗教意义大于审美意义，首饰造型表现多为抽象的形式和具有象征意义的造型。因此，原始时期首饰的风格具有普遍意义的是"图腾"崇拜和宗教观念（见图 1-14 ~ 图 1-16）。

图 1-14 新石器时代良渚文化玉镯

图 1-15 新石器时代良渚文化玉镯

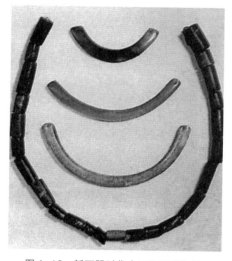
图 1-16 新石器时代古玉和玛瑙饰品

## 2. 商周时期

商周是我国古代礼治的创建时期，也是对珠宝首饰的利用更加人文化的时期。商周时期青铜工艺的繁荣发展，为首饰工艺的发展奠定了基础。这时期首饰的利用与制作方面与原始社会相比，已经有了质的飞跃，这也是社会文明发展和提高的必然结果。周代由于分封制的确立，首饰的佩戴法也有一定的规定，在各种礼仪活动中人们所配首饰都有一定的要求。

（1）首饰的种类。

商周时期的首饰种类主要有笄、梳、冠等发饰；有玦、瑱、珰、环等耳饰；珠状、梅花状、圆盘状的串饰；玉瑗、金臂钏等臂饰；脚饰，坠饰、腕饰以及各类佩饰。

（2）首饰的材质、颜色及纹饰。

首饰的材质主要有玉、金、铜、琥珀、玛瑙、绿松石、骨等。

商周首饰在纹饰上的一个重要的特点是饕餮纹大量运用到首饰。西周前期与商代后期相比，没有出现重大的变化，饕餮等具典型色彩的纹饰仍保持着与商代相同的装饰风格。而到了西周后期，其纹饰的内容和表现手法也发生了重大的变化，盛行于商和西周前期的饕餮纹、夔纹、凤纹等纹饰逐渐被淘汰或改造，细密的蟠螭纹和飞动自如的流云纹成为最流行的纹饰。

（3）形制工艺。

商周首饰形制比较简单、小巧简约、多为素面。制作工艺有锤碟、镂、掐丝、编、镶嵌等，尤其善用锤碟工艺。

（4）首饰的题材。

商周是古代礼治时期，商代崇天奉神，把天神作为人的保护者，与商代的区别是周代把天神作为统治者的代名词，其首饰题材必须服从礼治的需要。

（5）艺术特征。

商尚文，周尚质。周代早期与商代的首饰风格大体一致，有着显著的秩序感。而到了西周后期，首饰风格发生了重要的变化，神的影子逐渐淡化，理性色彩加重，突出礼制意义成为主导性的要求。到了东周，随着社会的发展，艺术品的性质、审美趋向也有了巨大的变化。这些形象从神话世界脱出，人自身的价值开始被认识、被肯定。后期形成了自己的特点，趋于质朴畅达、富于韵律感、节奏美的风格（见图1-17和图1-18）。

图1-17  殷商时期的玛瑙珠饰品

图1-18  商代青玉人兽饰品

### 3. 春秋战国时期

春秋战国时期的经济和文化都有较大发展，这时期的首饰，无论种类、制作、艺术性方面都得到了空前的发展。更为重要的是我国最早的工艺专著《考工记》的出版，对当时及后世的工艺创作产生了极为重要的影响。其中就包括首饰，各种玉制首饰在这一时期受到高度重视。

（1）首饰的种类。

春秋战国时期首饰种类主要有玉璧、玉璜、玉扳指、玉佩、玉带钩等。

（2）首饰的材质及纹饰。

春秋战国时期首饰材质主要有玉、金、铜、琉璃、松石、牙骨、贝蚌等。纹饰主要通过线条的变化来描绘图案，S 形纹大量涌现。

（3）形制工艺。

春秋战国时期首饰形制工艺，掌握了焊接、镶嵌、刻画、鎏金、金银错、失蜡等多种首饰工艺。

首饰造型趋向实用型、轻巧型发展。

（4）首饰的题材。

春秋战国时期首饰题材已十分广泛，装饰题材富于幻想，传统题材外，开始重视现实生活内容，如宴饮歌舞、渔猎、战争等题材得到了大量使用。

春秋战国时期的首饰艺术特征已由商代的"祭"和周代的"礼"，逐渐转向现实生活。首饰风格意在典章、制度、规范、礼节、仪容中抓住一个很重要的外在表现形式。多运用浪漫主义手法，装饰韵味浓厚（见图 1–19 ~ 图 1–22）。

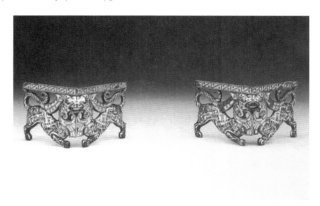

图 1–19 战国铜错银兽形饰件

图 1–20 战国青铜鎏金衣带钩

图 1–21 春秋战国琉璃珠链

图 1–22 春秋玉镂雕兽纹佩

## 4. 秦汉时期

秦统一中国，开创了一个新的历史时期，尤其是在西汉"文景之治"后，由于经济的发展、繁荣，促进了首饰的大量制造和使用。

（1）首饰的种类。

秦汉时期首饰种类，除了继承以前的笄、簪、钗、珰、耳环（玦）、指环、带钩等种类外，还出现了华胜、步摇等首饰。

（2）首饰的材质、颜色及纹饰。

秦汉时期首饰材质有金、银、玉、玳瑁、角质、竹质、琉璃质等。秦汉时期首饰造型的宁静与首饰金银材质的华丽色彩、天然石材的色泽形成对比，其装饰纹样精巧优美，简练富于装饰美。

（3）形制工艺。

汉代首饰造型大都清新淡泊，拙中见巧、简中见繁。工艺制作上渐渐脱离青铜工艺的传统技术，产生了金珠、焊接、透雕、圆雕、高浮雕等新工艺技法。

（4）首饰的题材。

秦汉时期首饰题材，尤其是汉代的装饰题材，大量反映现实生活，大大拓宽了领域，比之春秋战国时期更为丰富多彩。

（5）艺术特征。

秦代首饰的总体风格呈现一种宏伟庞大而又富于现实精神的时代特征。汉代的首饰质朴无华，呈现一种素朴美。汉代的工艺美术特色概括为"质、动、紧、味"，其首饰风格大体可以用此来形容（见图1-23 ~ 图1-26）。

图1-23　西汉金箔珠项链

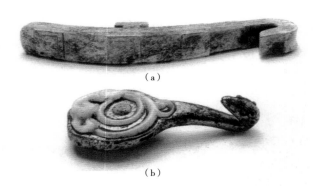

（a）

（b）

图1-24　汉代带钩

（a）玉带钩；（b）镀铜带钩

图1-25　西汉七彩琉璃珠

图1-26　西汉金箔琉璃珠

### 5. 魏晋南北朝时期

魏晋南北朝在中国历史上是一个重大变化的时期，是由统一到分裂的混乱时期。是一个宗教的时代，也是一个民族大融合的时代。在这个经济、政治、军事、文化和整个意识形态都在转折的时期，艺术却飞跃发展起来了。

（1）首饰的种类。

魏晋南北朝时期妇女的首饰种类以假髻、簪、钗、步摇、环、戒指、扣为多，其步摇、钿、钗、镊等头饰发展得更加完善。

（2）首饰的材质、题材及纹饰。

魏晋南北朝时期首饰材质以金、银、铜居多。由于当时佛教盛行，所以题材多与佛教有关，莲花纹样在首饰上的采用就是最好的例证。但是由于人们思维的单一和对宗教的虔诚，局限了装饰纹样的发展。

（3）形制工艺。

魏晋南北朝时期首饰在造型上极大程度地反映了"大民族、多民族"的特点，融合了很多异域风情。金银器的社会功能也进一步扩大，制作技术更加娴熟，除雕镂、锤铸、錾刻等工艺外，掐丝镶嵌、焊缀金珠等手法也较盛行。

图1-27　魏晋时期青铜鎏金带扣

（4）艺术特征。

在魏晋南北朝时期，人们思想观念的转变，使工艺文化兼有传统、外来和创新。首饰风格呈现清秀、空疏的艺术特点（见图1-27）。

### 6. 隋唐时期

隋唐是我国历史上国家统一、经济繁荣、文化发达、国势强盛的时代，也是重要的转折和发展阶段。珠宝首饰的发展自然也处于领先地位，开创了我国金银首饰制作和使用的鼎盛时期。

（1）首饰的种类。

隋唐时期女子用的首饰主要有假髻、钗、步摇、钿、梳篦、搔头等发饰；镯、指环以及各种项饰、佩饰。唐代首饰中最重要的，当属发钗和步摇，发钗较前几个时代有了较大的变化，其样式和纹饰更加丰富、更为美观，而步履摇动更能突出女子的柔美风韵，步摇则为当时社会各阶层的流行首饰。

（2）首饰的材质、颜色及纹饰。

隋唐时期首饰材质以金、银、玉为主，宝石、珍珠等为辅。隋唐时期花鸟纹已成为主流纹样。色彩方面，多运用色彩丰富，有富丽华美的艺术效果。

（3）形制工艺。

隋唐时期首饰形制工艺与魏晋相比形制更加精美、形式多样，佩戴上更显奢华。主要以凤形、鸟形、花卉形、蝴蝶形为主。工艺技术广泛使用锤牒、浇铸、焊接、抛光、削、切、铆、镀、镂空、錾刻等。

（4）首饰的题材。

隋唐时期首饰的题材广泛多样，如同心结、连理枝、比翼鸟等表现情爱的题材，富有人间情趣。

（5）艺术特征。

文化的兴盛，思想的开拓，外来艺术的融合，使唐代的首饰风格具有博大清新、华丽丰满，富于情趣化的特点（见图1-28和图1-29）。

图1-28　唐代凤形黄金饰片

图1-29　唐代银发梳

## 7. 宋元时期

宋代是一个文治时代，在思想观念上，由贵族到平民，由史官文化到民俗文化的转折时期。宋代因受儒家理学思想的强烈影响，首饰由唐代富贵繁华的风格锐减为清冷消瘦的宋代文人风格。从考古中发现的宋代首饰不如唐代的丰富。元代的珠宝首饰的发现比较丰富，其风格也是沿袭了唐代以来的特点。由于元代民间不许用金，不许使用龙凤图案，很多颜色也不许使用，所以元代首饰的发展是相对窒息的。

（1）首饰的种类。

宋元时期首饰种类，大体沿用唐代，有钗、簪、梳、耳饰、项饰、腕饰、佩饰等首饰，以钗、梳为主。元代的珠宝首饰的发现比较丰富，有金冠、钗、簪、插花、耳环、臂钏等金银首饰，也有各种镂雕玉、玛瑙、水晶、琥珀等首饰。

（2）首饰的材质及纹饰。

宋代首饰用材大多为金、银、玉。元代也有各种镂雕玉、玛瑙、水晶、琥珀材质首饰。

宋元时期首饰相对其造型来说，纹饰则为次要，但在纹饰的艺术表现上出现了"花中有花"的手法。

（3）形制工艺。

宋代首饰造型质朴，少有繁复的装饰。制作工艺较多运用锤碟、镂雕、錾刻、浇铸、焊接等技法。

（4）首饰的题材。

花鸟题材构成宋代首饰的一大特色。而元代受元曲影响，注重情节故事。

（5）艺术特征。

宋元时期首饰艺术特征与唐代相比，风格呈现恬淡高雅、含蓄、收敛、内向等较平民化的特征。元代与宋代相比，其时代特点与艺术风格均不同，元代发源于蒙古大漠，所形成的首饰风格必带有大漠草原的特点，豪放、粗疏、质朴为其艺术特色（见图1-30 ~ 图1-32）。

图1-30　元代银质镀金腰带铊尾　　　　图1-31　宋代铜质金腰带配饰　　　　　图1-32　宋代玉莲花佩

### 8. 明清时期

明王朝成为中国历史上又一个大帝国，在首饰方面承袭唐宋的风格，首饰的发展基本上进入了繁荣昌盛的时期。清代首饰无论是种类还是造型，都比以往朝代的首饰要丰富，出现前所未有的多姿多彩。

（1）首饰的种类。

明代首饰除了有常见的几种如：钗、簪、戒指、手镯、玉佩外，还有凤冠，其造型独特，工艺精巧，到达了无可企及的高峰，一般黄金成形后施以钿翠，嵌上珍珠宝石。

（2）首饰的材质及纹饰。

明代首饰材质，有金、银、铜、木、牙质、玉等。

明代首饰纹饰趋向繁密，花纹布满，采用象征吉祥的图案，如龙凤、蝶恋花等。

（3）形制工艺。

明代首饰形制工艺，较前代有很大的发展。多采用两种或两种以上的工艺，其制作工艺以花丝工艺为主，辅以锤碟、錾刻、镶嵌、累丝、掐丝、镂空、焊接、浇铸、炸珠等工艺技法。

（4）首饰的题材。

明代首饰在传统题材的基础上有了更大发展，形成丰富多样的题材。象征吉祥美好的题材多见。

（5）艺术特征。

明代首饰艺术达到了十分精练的程度，具有端庄、敦厚、富于装饰美的特点，可以用"健"、"约"等字来形容（见图1-33 ~ 图1-36）。

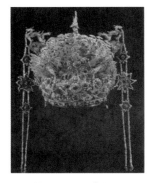

图1-33　明代凤冠　　　　图1-34　明代黄金发饰　　　　图1-35　明代玉质束发冠　　　　图1-36　明代黄金束发冠

（6）首饰的种类。

清代首饰种类有朝冠、花翎、顶戴、扁方、头花、项圈、簪、耳饰、朝珠、领约、手串、手镯、指约、指甲套、环佩等。其中扁方、头花是清宫中主要首饰项圈，为清朝贵族所讲究首饰，朝珠、花翎、顶戴、领约等为冠服配饰。

（7）首饰的材质及纹饰。

清代首饰材质有很多种，如玉、金、银、翠、檀香木、珍珠、玛瑙、珊瑚、象牙、宝石等。明代以后，玉石在首饰中作用更加重要，尽管珍珠、碧玺以及其他宝石都很丰富，但玉石，特别是白玉一直被人们欣赏。

清代首饰纹饰中，吉祥寓意的装饰内容较多，表现了人们祝福纳祥，趋吉避凶的美好愿望。

（8）形制工艺。

清代首饰形制工艺，包括锤碟、錾刻、镶嵌、掐丝、焊接、炸珠等，并综合了阴线、阳线、镂空等各种技法，尤其出现了"点翠"的新工艺。点翠，就是把翠鸟的羽毛按首饰造型剪裁后，用胶粘于金、银首饰上（见图1-37和图1-38）。

（9）首饰的题材。

清代首饰题材较以往更为丰富，除传统题材外，出现了富于生活情趣的题材，如蝈蝈、螃蟹等（见图1-39）。

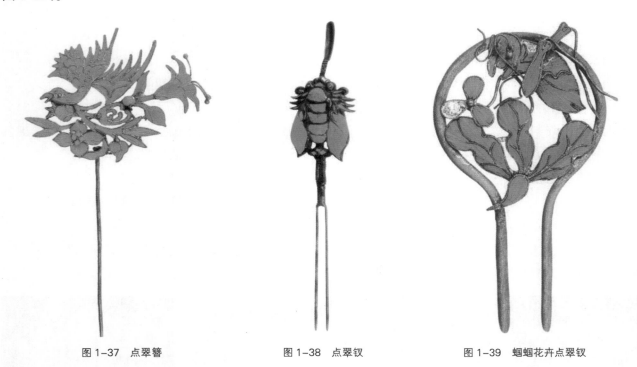

图1-37　点翠簪　　　　　　　　　图1-38　点翠钗　　　　　　　　图1-39　蝈蝈花卉点翠钗

（10）艺术特征。

繁琐复杂是清代首饰的基本特征。清代首饰还出现两极分化的现象：宫廷工艺不计工本，集各种名贵材料于一体，精雕细琢，追求富丽堂皇、复杂繁琐的效果；民间工艺则讲究纯朴自然，极为简朴，不在金、银坯上加饰任何纹样和装饰，金镯银圈或玉环由本身材料的质地展示出自身美感，富有生活气息，贴近民众（见图1-40～图1-50）。

图 1-40 清代雕花玻璃珠手链

图 1-41 清末玻璃小饰件

图 1-42 清代珐琅珠和景泰蓝珠

图 1-43 清代镶有碧玉的黄金发饰

图 1-44 清代珊瑚翡翠天青石朝珠

图 1-45 清代银镀金
绿松石簪

图 1-46 清代白玉镂雕饰件

图 1-47 清代玳瑁茶晶眼镜

图1-48 清末雕花象牙

图1-49 清代银挖耳簪

图1-50 清代银镀金凤冠

### 9. 民国时期

民国时期仿古风盛行，在首饰种类、材质、造型、纹饰色彩上多仿前朝，但民国时期银饰的制作工艺却比前朝更加多样，应用范围也更加广泛并日趋普及，得到长足发展与进步。总的来说，民国时期首饰的艺术特征并不十分明显（见图1-51~图1-53）。

图1-51 民国鱼纹蝶纹银梳

图1-52 民国福寿纹银项圈

图1-53 民国初银腰挂

## 1.2.2 欧洲首饰发展史

在人类历史长河中，世界其他古老文明的首饰发展同样异彩纷呈、各具特色。

### 1. 西方古代文明时期

古希腊、古罗马、古埃及及两河流域的古代人类创造了辉煌的古文明，并创造了各具特色的古代手工艺品，首饰就是其中的一类。迄今发现的最早的首饰始于距今约250万年的旧石器时代，它们伴随着整个人类的发展过程，并起着重要的作用（见图1-54~图1-56）。

图1-54 新石器时代贝壳项链（公元前15000年）

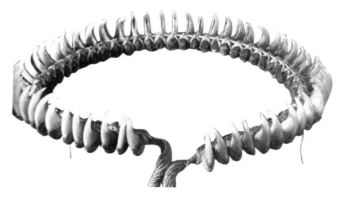

图 1-55　美洲虎牙齿项链

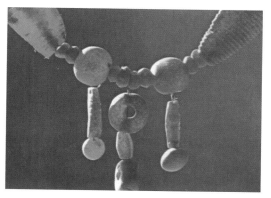

图 1-56　琥珀石护符项链

（1）两河流域首饰（公元前 4000~ 前 2000 年）。

世界上最古老的文明是两河流域的文明，两河流域的文明像火炬，点燃了古希腊、古罗马乃至整个欧洲的文明之火。苏美尔人开始进入美索不达米亚，造就了古代苏美尔文明，考古发现世界上最早的首饰也许就来自苏美尔人。苏美尔首饰造型拙朴，有谷物形、树叶形等，用材有铜、银、黄金以及玉髓珠等。在首饰种类上有戒指、项饰、脚环、手镯，并发明了金属制造工艺技术（见图 1-57 和图 1-58）。

图 1-57　公山羊护身符（公元前 2500 年）

图 1-58　黄金、天青石头饰（公元前 2500 年）

（2）古埃及首饰（公元前 3000~ 前 1500 年）。

古埃及是著名的文明古国之一。首饰在古埃及象征着荣誉、权力和对神的信仰。古埃及制作首饰的材料多具有仿天然色彩，蕴含着象征意义。金是太阳的颜色，而太阳是生命的源泉；银代表月亮，也是制造神像骨骼的材料；天青石仿似深蓝色夜空；尼罗河东边沙漠出产的墨绿色碧玉像新鲜蔬菜的颜色，代表再生；红玉髓及红色碧玉的颜色像血，象征着生命。古埃及首饰的种类主要有项饰、耳环、头冠、手镯、手链、指环、腰带、护身符等。在首饰造型中，圣甲虫的造型几乎是古埃及民族的标志，被广泛应用。制作工艺精美复杂，并带有特定含义，最令人惊讶的成就是首饰色彩的组合与运用，最为精湛的工艺就是镶嵌。代表古埃及首饰最高成就的是法老的首饰（见图 1-59 ~图 1-61）。

图 1-59　古埃及法老的胸饰（公元前 1350 年）

图 1-60　圣甲虫脚镯（公元前 1050 年）

图 1-61　手制人面珠（公元前 1500 年）

图 1-62　黄金胸饰

（3）古希腊首饰（公元前 2700 ~ 前 1600 年）。

富于想象力的希腊神话是古希腊首饰繁荣的精神资源。希腊早期的迈锡尼文明首饰多是金制首饰，种类有金冠、金面具、金项链、金戒指、金手镯、金耳环、金制额饰等（见图 1-62），其中以金冠的制作最为考究。首饰用材除了大量的金还有紫玉、玛瑙、琥珀、水晶、象牙等。古希腊人在首饰造型上趋向华丽复杂。在首饰制作工艺中出现了"金银错"技术。

（4）古罗马首饰（公元前 1 世纪 ~ 公元 400 年）。

古代罗马文化是在吸取埃特鲁里亚和古希腊文化成就的基础上发展起来的。古罗马文化是古代地中海地区文明的集大成者和古希腊、东方文明的传播者，其文化成就对后世的欧洲有深远的影响。古罗马首饰种类丰富，有戒指、附身符、手镯、耳环等，其中戒指为最重要的首饰。比起造型复杂的首饰，古罗马人更喜爱首饰所具有的体积感和简单朴素的造型。笔直的水道、连拱廊等几何形造型在首饰中得到反映，这也是建筑风格首次在首饰设计中出现。首饰材质丰富多彩，常见的有红玉髓、红缠丝玛瑙、紫水晶等，也有石榴石、绿柱石、黄玉、橄榄石、绿宝石、蓝宝石等。古罗马的银器工艺、玉石工艺在帝政时期达到顶峰，其金属工艺在古代欧洲工艺美术史中占有重要的地位，第一次把古希腊人用于装饰兵器的浮雕细工技术与乌银镶嵌技术应用在首饰上。古罗马人为首饰的发展做出了两大贡献：一是将首饰的用材重点从黄金转向宝石；二是阻止了当时首饰设计中日益发展的趋势，为以后多样化首饰风格的产生奠定基础（见图 1-63 ~ 图 1-65）。

图 1-63　耳环（公元 3 世纪）　　　图 1-64　古罗马戒指　　　图 1-65　嵌有宝石的戒指（公元 1 ~ 2 世纪）

### 2. 中世纪时期的首饰（500~1450 年）

欧洲的中世纪是一个混乱的时代，又被称为黑暗时代，而首饰却成为那个时代最闪耀的亮点。中世纪的欧洲，凯尔特人、斯堪的纳维亚人和拜占庭人所创造的饰品对首饰的发展起到了重大的影响。中世纪政教分离的影响也反映到首饰上，一方面是独特的基督教首饰，另一方面是世俗的首饰，界线分明。首饰种类有耳环、戒指、手镯、王冠、胸针、腰带、饰扣、各种发饰等。欧洲中世纪和中世纪早期的首饰都被看作是护身符，认为会给佩戴者带来神秘的力量，首饰同时也体现一种地位等级，上层社会中常出现珠宝扇贝等首饰。到了中世纪后期，人们又重新开始追求美的风尚，宝石应用于各种首饰的制作中，妇女的发饰变化繁多，用于发式上的饰品也很丰富，妇女的发饰变化由此繁多。胸针和饰扣也都是用金银材料加饰宝石而成。这时首饰就已逐渐失去了宗教和神奇护身符的意义，成了单纯的装饰品。材质为黄金、白银、玉髓、方解石、天青石、珍珠绿松石和彩色玻璃。首饰的纹样由具象开始转向抽象，开创了首饰风格的抽象化。在首饰制作工艺上，有透雕细工、金丝细工、珐琅彩饰等，而宝石琢磨技术的发明，这一最重大的技术革新使首饰进入了实质性的发展阶段。中世纪首饰虽然更多地成为了身份、地位的象征，但是它也对首饰的发展起到了一定的影响（见图 1-66 ~ 图 1-68）。

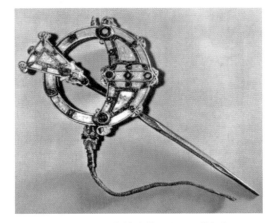  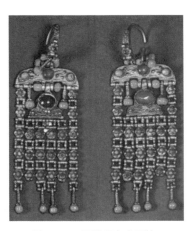

图 1-66　凯尔特胸针（公元 8 世纪）　　　　图 1-67　哥特式首饰（1404 年）　　　　图 1-68　早期拜占庭耳饰

### 3. 文艺复兴时期的首饰（1450~1600 年）

文艺复兴时期为西方文明进步的新时代的起点，是 14~16 世纪西方文明在文化艺术发展史中的一个重要历史时期。文艺复兴时期的首饰除了具有不可思议的宗教和社会意义外，也是服装必不可少的组成部分，是荣誉和特权在服饰上的体现。这时期欧洲各国朝廷的首饰追求豪华，在服装上饰有金制玫瑰花数十朵，以红蓝宝石和珍珠镶嵌于花朵之间，衣领上也镶了色彩斑斓的宝石。上层妇女中形成了以珠宝首饰显示财富，相互攀比的风气。人们竞相在珠宝首饰上投资，在帽式面纱上缀满珍珠宝石，用满是宝石的彩带束扎头发，连腰带上也坠满了宝石珍珠。到了文艺复兴鼎盛时期，人们的项链耳环等首饰的造型愈加宽大厚重，款式也愈加复杂，贵妇人几乎将自己淹没在金银珠宝饰品当中。这时期首饰种类繁多，仅项链的式样种类就琳琅满目，有金银镶嵌宝石的，有项链上垂挂着小铃铛的，而项坠是这时代最独特的首饰。勋章、徽章、朝觐勋章等帽徽首饰成为当时的流行。首饰材料有珍珠、金、银、珊瑚、鸡血石、天青石、红宝石、绿宝石、钻石等，女士首饰中金银的使用更为普遍，16 世纪晚期是珍珠盛行的年代，珍珠被大量的设计利用，流行巴洛克珍珠首饰。文艺复兴时期的首饰在造型上出现了浮雕人物塑像，古

典主义风格开始复苏，受哥特式建筑风格影响产生的哥特式首饰再次兴起，最典型的是项坠的壁龛造型
（见图 1-69 ~图 1-73）。

图 1-69　项坠（16 世纪末）

图 1-70　项坠（16 ~ 17 世纪）

图 1-71　壁龛造型的项坠（16 世纪末）

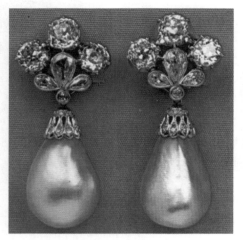

图 1-72　珍珠耳坠（17 世纪）

图 1-73　巴洛克珍珠首饰（1580 年）

### 4. 17 世纪的首饰（1600~1750 年）

17 世纪欧洲强权扩张，掠夺海外殖民地累聚巨富，生活上提倡豪华享受，因此对建筑、音乐、美术
也要求富于热情的情调。17 世纪欧洲有新旧教的权力之争，旧教势力用暴力镇压信徒，再积极利用艺术
思想形态——巴洛克，去迷惑征服人心。巴洛克艺术风格原本是指 17 世纪强调炫耀财富、大量使用贵重
材料的建筑风格，也因此影响到当时艺术全面性的变革。由于受到巴洛克艺术风格的影响，在首饰上也
明显呈现铺张华丽，擅长表现各种强烈感情色彩和无穷感的巴洛克风格的特点。首饰种类除了有项链、
项坠、胸针以外，出现了新的首饰种类挂表。首饰造型上常采用富于动态感的造型要素，如曲线、斜线
等，多呈对称样式。首饰制作工艺上，宝石玫瑰形琢磨法（也叫 Mazarin 琢磨法）的诞生，使 17 世纪下
半叶成了钻石时代。首饰题材摒弃之前推崇的神教题材，而是大量采用了花卉、羽毛和蝴蝶结等更富于
生活气息的图案。巴洛克时期首饰的风格特征可以概括为：强烈奔放、豪华壮观、奇特玄妙、大气磅礴，

充满着阳刚之气，注重大手笔的表现。17 世纪是首饰历史上的一个重要转折点，在这个时期出现了真正的首饰（见图 1-74 和图 1-75）。

图 1-74　玫瑰形琢磨的钻石珐琅项坠（17 世纪）

图 1-75　蝴蝶结造型的胸针（17 世纪）

### 5. 18、19 世纪的首饰（1760~1900 年）

18、19 世纪的欧洲进入了相对稳定与和平的时期。这时期产生了洛可可艺术（Rococo art），这种风格源自 1715 年法国路易十四过世之后，所产生的一种艺术上的反叛。无论是建筑、服装还是首饰都具有纤细、轻巧、华丽和繁缛的装饰性。首饰种类主要有项链、短链、扣形装饰品、戒指等。首饰材料中人造宝石的大量生产是首饰历史上最重要的发展。在制作上，能琢磨出 56 个刻面的宝石多角琢磨法替代了 16 个刻面的玫瑰形琢磨法，镶嵌技术的提高，使首饰进一步向轻巧发展。在 18 世纪末出现了冶金术。首饰造型上多用 C 形、S 形和漩涡形的曲线并搭配艳丽浮华的色彩作装饰构成，崇尚经过人工修饰的"自然"。首饰题材多表现为浪漫的爱、性爱、母爱等。洛可可艺术风格与巴洛克艺术风格最显著的差别就是，洛可可艺术一改巴洛克的奢华之风，更趋向一种精制而幽雅。洛可可艺术的繁琐风格和中国清代艺术相类似，成为中西封建历史即将结束的共同征兆（见图 1-76 ~ 图 1-80）。

图 1-76　洛可可风格的花卉胸针
（18 世纪）

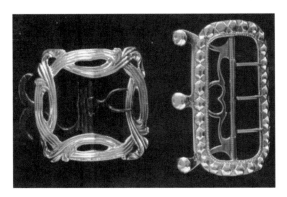

图 1-77　金色铜带扣（1770 年）

图 1-78　镶有玫瑰形琢磨
钻石的彩蛋

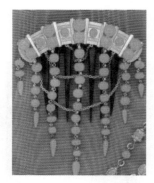

图 1-79　多刻面钻石戒指　　　　　　　　　　　　图 1-80　金珊瑚头饰（1865 年）

## 6. 新艺术运动时期的首饰（1895~1910 年）

19 世纪在资本主义的全球殖民扩张中，欧洲文化渗透到世界的各个角落，同时又从各殖民地掠夺来的财富中，获得多元化的滋养。导致了 20 世纪全球的反殖民、反霸权的独立热潮。工艺美术运动，就是这一时期社会变革的综合反映。而 19 世纪末兴起了一种被称为新艺术主义（Art Nouveau）的艺术革命就源于工艺美术运动，它的宗旨是复兴手工艺，为大众提供独具个性的实用艺术品。珠宝首饰是新艺术主义运动最强烈的表达，欧洲和美国珠宝首饰的最伟大时期就是在新艺术主义运动时期。

新艺术主义首饰造型强调自然中不存在直线，自然中没有完全的平面，在装饰上突出表现曲线、有机形态，而装饰的动机基本来源于自然形态。当这种师法自然，崇尚自然热烈而旺盛活力的风格体现在首饰上时，那些蜿蜒流动的线条，鲜活华美的纹彩使得首饰获得了奇异的生命力，强烈的活力。新艺术主义首饰的题材里，昆虫是极其常见的基本图案，尤其是蜻蜓和蝴蝶，在新的装饰语言里是最有代表性的主题。新艺术主义首饰图案中的线条与以往任何时候都不同。这种新的自由平滑的"鞭索"般的线条表达了世纪末艺术的抗争，是新艺术主义的精髓。这些看似平稳流动实则放荡不羁的线条主宰了新艺术主义的首饰设计：扭动的海生植物，卷曲的毛发、翻腾飞舞的帐幔、女性造型的自然曲线。无节制地使用线条，终于使线条死于精疲力竭，从而也导致了新艺术主义首饰的消亡。由此，以曲线为代表的新艺术风格逐渐由以直线为代表的新的首饰设计风格——装饰艺术风格首饰替代（见图 1-81 ~ 图 1-85）。

图 1-81　蝴蝶胸针（1901 年）　　　　　　图 1-82　女性造型的项坠和胸针（1900 年）

图 1-83　金孔雀挂件新艺术主义　　图 1-84　戒指　　　　图 1-85　纯银腰带扣（19 世纪末）
　　　　首饰代表作（1900 年）

### 7. 装饰艺术时期的首饰（1920~1935 年）

"装饰艺术"运动是在 20 世纪 20 ~ 30 年代在法国、英国、美国等国家展开的设计运动，它与欧洲的现代主义运动几乎同时发生，彼此都有一定的影响。装饰艺术风格是 20 世纪二三十年代主要的流行风格，装饰艺术风格以其富丽奢华和新奇的现代感而著称，它实际上并不是一种单一的风格，而是两次大战之间统治装饰艺术潮流的总称，包括了装饰艺术的各个领域，如家具、珠宝首饰、绘画、图案、书籍装帧、玻璃和陶瓷等，对当时的设计产生了广泛的影响。

装饰主义风格珠宝首饰出现在 1925 年巴黎的展览，装饰艺术本身体现在珠宝中的只有设计手法，欧洲传统的古典主义风格框架仍有体现，这时候的珠宝首饰依然保留了强烈的几何特征轮廓，但使用珍贵的彩色宝石成为同时期奢侈级珠宝的强项，与黑玛瑙，翡翠，琥珀，玛瑙等非宝石一道，组合出前所未有的多彩珠宝来。采用手工艺和工业化双重特点的制作手法，将豪华的、奢侈的手工制作和代表未来的工业化特征合二为一，产生一种可以继续发展的新风格来，小颗粒的钻石被切割成各种形状，以适应新的珠宝设计需要。新的珠宝首饰造型多是抽象化的、几何化的。简洁的图案和鲜明的色彩搭配是首饰的主要特点，与此同时，因为欧洲与中国和埃及进一步接触，让非欧洲文化进入主流珠宝设计视野，少量的异国情调得到引用。东西方结合、人情化与机械化结合的装饰主义风格，成为 20 世纪 80 年代后现代主义时期重要的研究方向（见图 1-86 ~ 图 1-91）。

图 1-86　"时间之眼"胸针（达利设计）　　图 1-87　戒指（Pomodoro 兄弟设计）　　图 1-88　耳环胸针（Jean Dunand 设计）

图 1-89　银镀金戒指（Jean Dunand 设计）　　图 1-90　象牙手镯（Bela Voros 设计）　　图 1-91　银手镯耳环（G.Sandoz 设计）

### 8. 现代和当代首饰

首饰设计从其诞生之初到今天，无论是它的意义还是它的形式，都在不断地发展变化。现代首饰诞生于"新艺术"运动（Art Nouveau），是从法国蔓延开的。现代首饰抛弃了传统的束缚与枷锁，结合现代设计思维和制作工艺，广泛地从其他艺术门类，比如服装、家具、建筑、玻璃艺术、金属工艺等方面吸取积极的因素，进入了一个更自由、更科学、更具创意和美感的空间，极大地丰富了首饰的题材和意境，体现了浓厚的艺术性和思想性（见图 1-92 和图 1-93 ）。

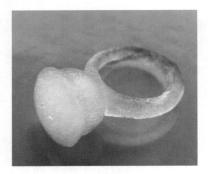

图 1-92　玻璃戒指

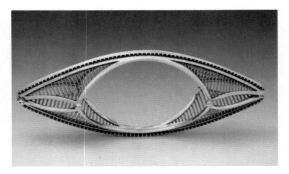

图 1-93　桥为主题的首饰

　　由于社会物质文明和思想文化的发展，首饰传统的宗教功能在它的现代形式中迷失了，它的社会功能也发生了变化，而它的装饰作用和审美功能则越来越为人们所重视。当代首饰在当代设计潮流和不同的流行文化因素的影响下，在造型、形式美法则、功能、色彩、材料等上呈现出了当代视觉特征。形成了具有个性的、丰富多彩的又有时代特色和时尚元素的风格，成为了流行的重要组成部分。

# 1.3　中外首饰的现状与发展趋势

　　在当今世界的文化中，首饰作为一种特殊的文化载体，已经超越了传统审美原则的局限。在我们的现代生活中，逐步走向文化的传统与现代、东方与西方的整合所产生的形式的多元化，促成一种价值更新的现代首饰文化空间，并影响着人们的物质生活和精神生活。纵观这三四十年来首饰的国内外现状，由于西方世界较早地历经了从工业革命到后工业社会的转变，所以在这方面所作的探索起步较早，形式也比较多样，西方的首饰设计发生了很大的变化。然而由于历史的原因，我国要在短短几十年的时间内完成西方工业国家经过漫长的历史阶段摸索出来的转变，因此，情感的缺失、人性的失落是无法避免的事实。因此首饰设计水平相对于产业的发展显得极为落后。

## 1.3.1　国内首饰设计发展现状

### 1. 首饰设计模式化、缺乏创新意识

　　中国的首饰设计行业由于发展晚，设计师队伍人数比较少，还不十分成熟，受中国传统的装饰和消费观念的束缚使得设计人员不敢冲破传统，设计思路不够开阔。国内珠宝首饰市场给人以一种千人一面的雷同感，极其缺乏原创设计，很多首饰从形式到内容都是国外式样的照搬和翻版。迄今为止，珠宝企业几乎所有产品的原始创意和技术起点均来自于境外，我们在不断地引进、模仿、抄袭国外的同时，扩大着企业的规模和经济实力，但同时却忽视了珠宝设计的原创，忽视了用自己的眼睛观察市场需求，用自己的头脑进行产品创新。

## 2. 首饰设计方法及表现相对滞后

时代的发展对首饰设计提出了更高、更新的要求，对设计人才的艺术素养和手绘表达能力的培养也更加重视。随着科技的进步，计算机软件的运用，手绘设计表现已由传统的精绘型逐渐过渡到快速高效型。设计表现已经成为设计师收集资料、训练观察能力、深化设计素养、提高审美修养、培养创作激情和迅速表达设计构思的重要手段。我国珠宝首饰设计属于新兴的艺术学科，在国内整个工业产品设计领域中发展较晚，首饰设计方法单一、表现技法滞后。

## 3. 首饰展示形式较单一

首饰展示起到传播首饰产品及设计相关信息的作用。在前期设计活动中，它即是设计师、客户、生产加工人员及部门之间交流的媒介，同时在后期生产加工及销售活动中也是企业、产品与消费者之沟通的桥梁。如今首饰展示的形式和种类也愈见丰富，静态实物展示、动态实物展示、多媒体展示、虚拟现实展示，而结合数字技术，进行虚拟多态交互式首饰展示也成为发展的必然趋势。同时，从首饰静态陈列到动态展示，从多媒体技术再到新型的虚拟现实技术的应用，在首饰展示中如何调动顾客的积极参与意识，通过互动达到更好的营销效果，是企业与设计师应该共同关注的焦点。而国内首饰设计图样展示和首饰模型展示上，表现形式单一，重视程度不高，虽然首饰实物注重展示真实感与感染力，但受时间、空间、地点等物理限制较大，存有一定的弊端。

## 4. 对市场需求及时尚潮流反应不够敏锐

大部分的首饰设计师都有自己的设计风格，也有自己的设计思想，问题在于这些思想一直受到抑制，受到市场、消费者、金钱的禁锢。在市场黑手的操纵下，首饰所付出的就是创新和设计感。首饰公司和首饰设计师在市场中没有发挥足够的主观能动性，被市场左右。国内大部分消费者对首饰的需求还停留在保值的层面上，而忽略了它的装饰功能，"设计"只是首饰的"附带品"，导致了对时尚潮流的反应不够迅速，直接造成了首饰设计朝着非正常的方向发展，停留在保值的层面上使设计师难以创新，裹足不前，这是国内首饰设计发展面临的最大困难。

## 5. 品牌理念仍然较模糊

中国很多品牌是抄袭起家，在珠宝首饰行业可能比较突出，在设计上连抄带改，以节省创新的成本，求得最大最快回收的利润。企业仅靠廉价劳动力和无品牌的劳动力密集型产品的加工很难做大做强。长期下来，这些品牌很难形成自己的文化和特性，也就决定了其不可能成为世界性大品牌。设计研发环节上的薄弱，产品的同质化和消费导向的片面化，都使珠宝产业尚处于一个低附加值的状态。市场竞争处于低层次的价格竞争，制约了行业的整体发展，已不能应对越来越激烈的市场竞争态势。

# 1.3.2　国外首饰设计及发展现状

国外首饰经历了长期演变发展，形成了欧洲以法国、意大利、比利时为代表，美洲以美国为代表，亚洲以日本为代表的首饰设计中心。

### 1. 首饰设计实力雄厚、思维活跃

在首饰设计领域不仅有大珠宝公司的设计人员也有非常活跃的个体设计者。设计者大多以创新为目标，以树立自己的品牌和独特的风格为目的，充分发挥设计者的创作思维。无论是取材还是表达方式，都以最大限度表达设计主题为目标，设计风格多样，可以说是百家争鸣、百花齐放（见图 1-94 和图 1-95）。

图 1-94　拥有品牌的风格独特的珠宝公司　　　　　图 1-95　设计风格独特的珠宝公司

### 2. 交流频繁，引领时尚

在欧洲和日本首饰类的展览非常频繁，各类美术馆、画廊在展览的同时请设计者近距离地与观众交流，各珠宝首饰协会拥有自己的刊物，定期举办讲座。所有这一切都是在推广一种设计理念，这便是新的设计很快能流行的原因。

### 3. 品牌意识强烈，首饰设计风格独特

国外的首饰设计带有显著的品牌特点。如德国、西班牙的设计前卫、具强烈的现代感，意大利的设计在有色宝石方面发挥得淋漓尽致，日本的设计则很细腻、工艺非常讲究，而美国的设计则显得造型夸张、色彩对比大胆。这让人在大量的展示中比较容易发现各种不同品牌的特色。这在国内的设计中是很难见到的（见图 1-96）。

图 1-96　西班牙独特的前卫设计风格

### 4. 首饰设计手段先进丰富

在欧美等国的珠宝首饰设计中除了手绘设计外，计算机辅助设计被广泛应用，常见的首饰设计软件有 PhotoShop、Pro/ENGINEER、3dsMax、Rhino 等，以及具有三维模拟特征、虚拟化设计方式、便捷的设计修改过程的专业首饰设计软件如 JewelStudio、3Design、Digital Goldsmit、JewelSmith 等，首饰设计手段的多样化极大提高了首饰的视觉效果和设计效率。

### 5. 首饰展示形式多样

由于首饰展示在市场营销中发挥着十分重要的作用，国外首饰企业均非常注重首饰展示的研究与创新。除了常见的静态实物展示形式，还有在各种展览或发布交流等活动中的动态实物展示，很多国际首饰大品牌都纷纷建立网络商店，以文字、图片、FLASH 动画等多媒体展示其首饰产品，并利用虚拟现实技术实现在线试戴首饰（见图 1-97 和图 1-98）。

图 1-97 动态展示             图 1-98 静态展示

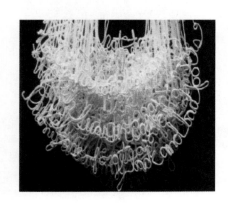

# 第2章 | 首饰设计的方法与步骤

# 2.1 灵感与素材

## 2.1.1 设计灵感研究

### 1. 灵感

灵感是指人们长期从事于某一事物过程中产生的突发性思维。灵感在人类思维活动的潜意识中酝酿，在不经意中突然闪现，是人类创造过程中一种感觉得到但却看不见摸不着的东西，是一种心灵上的感应。这一独特的心灵感应现象对设计的突发奇想往往有着关键性的作用，犹如百思不得其解的创作过程中的神来之助。灵感在平时是无法预想的，它的产生不是能够保证的，是偶然的，但是灵感的闪现其实在于长期的审美积蓄和苦思冥想，当人的内心与感觉的事物达成美妙的对应契合时，有些神奇的想法便会跃然而出。在人类的创造活动中灵感起着非常重要的作用，不经过灵感阶段绝对不可能创新。虽说灵感的出现带有突发性和偶然性，但其思维过程是一个客观的发生过程，有着某种必然性，许多成功的设计往往是在灵感突现的一刹那才形成的，那么这些灵感来自何处（见图 2-1 和图 2-2）？

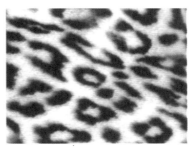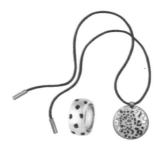

图 2-1 灵感来源于豹纹的卡地亚黄金猎豹项链和指环

图 2-2 灵感来源于公鸡的指环

### 2. 灵感来源

（1）生活。

艺术设计中的灵感往往与生活息息相关。灵感虽然出现在人的设计思维中，却是来源于客观现实世界，任何灵感不可能是无源之水、无本之木，而是生活中的万事万物在人的思维中长期积累的产物，生活是设计创作取之不竭的源泉。通过观察、体验生活，在生活中产生创作灵感。

（2）大自然。

大自然孕育了人类，也为人类艺术创作提供了丰富的素材与灵感，是永远取之不尽用之不竭的源泉。自然界中的一草一目、风雨雷电、河流山川及动物世界等都会给设计带来灵感，仿生设计便是如此。

（3）姐妹艺术。

绘画、雕塑、摄影、音乐、舞蹈、戏剧、电影、诗歌、文学等姐妹艺术是设计灵感的最主要来源之一。艺术在很多方面是融会贯通的，不仅在题材上可以相互借鉴，在表现手法上也可以融会贯通。绘画中的线条与色块、雕塑中的主体与空间、摄影中的光影与色调、音乐中的旋律与和声、舞蹈中的节奏与动感、戏剧中的夸张与简约、诗歌中的呼应与意境，都给予设计师无穷的灵感。

（4）科技成果。

文化的发展、科技的革命对设计观念产生了巨大的冲击，新事物左右着流行的风潮，科技成果激发着设计灵感。利用科技成果打开新的设计思路，纳米科技、生物科技、信息科技创造了科技时尚，同时也创造了首饰的时尚。

（5）社会动态。

时尚首饰是社会的一面镜子，是时代文化模式中的社会活动的一种表现形式，首饰的设计风貌反映了一定历史时期的社会文化动态，敏感的设计者会捕捉社会环境的变革，推出符合时代新思潮、新动向、新观念的时尚首饰。在社会动态的震荡中，设计者捕捉着设计灵感。

（6）民族民俗风情。

由于民族生活习惯、经济状况、思维方式、审美心理的差异，造就了不同的首饰文化，正是每个民族拥有自己的文化，才使世界变得丰富多彩。印度首饰、中东首饰、印第安首饰、非洲首饰都孕育着首饰设计灵感。

（7）名人效应。

对于追随流行的人来说，名人的首饰行为常常是他们的追逐目标。名人具有一定的社会感召力，在某些方面具有一定的权威性，设计者便可以从他们佩戴的首饰风格中寻找设计灵感。

（8）资料、信息。

期刊、报纸、杂志、书籍、幻灯片、录影带或者光盘等，来自于新闻媒体、时尚发布会的信息，都可以被设计师当作设计资讯，资讯的积累可以拓宽我们的思路，激发设计灵感。

## 2.1.2 设计素材的研究

### 1. 素材

素材指的是从现实生活中搜集到的、未经整理加工的、感性的、分散的声音、视频、图片、文字等原始材料。这些材料并不能直接放入设计之中，但是这种材料经过设计师的集中、提炼、加工和改造，融入设计作品之后，即成为"题材"了，也就是通常说的设计素材。素材是设计的基石，它无处不在，俯首皆是，关键在于如何理解、总结与把握它（见图2-3和图2-4）。

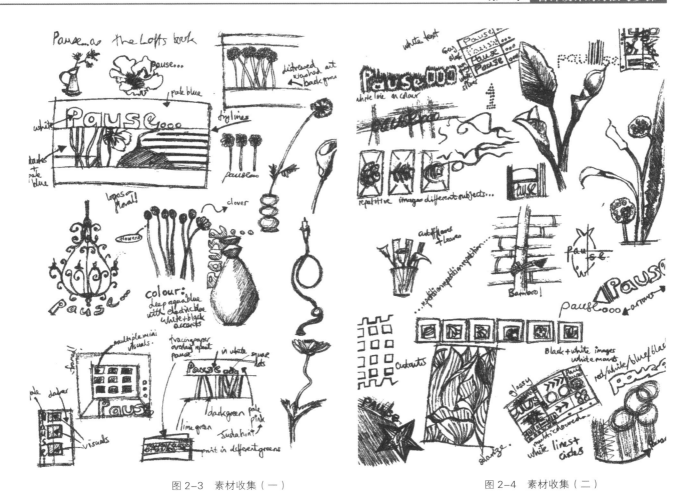

图 2-3 素材收集（一）　　　　　　图 2-4 素材收集（二）

## 2. 设计素材的收集

设计素材一向是被设计师利用也被设计师所创造的，每当一位设计师在创作一个作品时，同时无意中也就为大家提供了设计素材，比如他可以引用已有的设计元素，这个素材也就有用武之地了。设计素材的收集可以利用我们的视觉记录形式，如手绘速写、文字记载、剪贴、实物收藏、拍照等多种形式（见图 2-5 ~ 图 2-7）。

图 2-5 文字记载　　　　　　图 2-6 实物收藏　　　　　　图 2-7 拍照

设计灵感来源于素材的提炼来自生活中的积累，源于生活，用于生活。捕捉灵感需要长期探索，积极思考，随时想到随手记下（见图 2-8）。

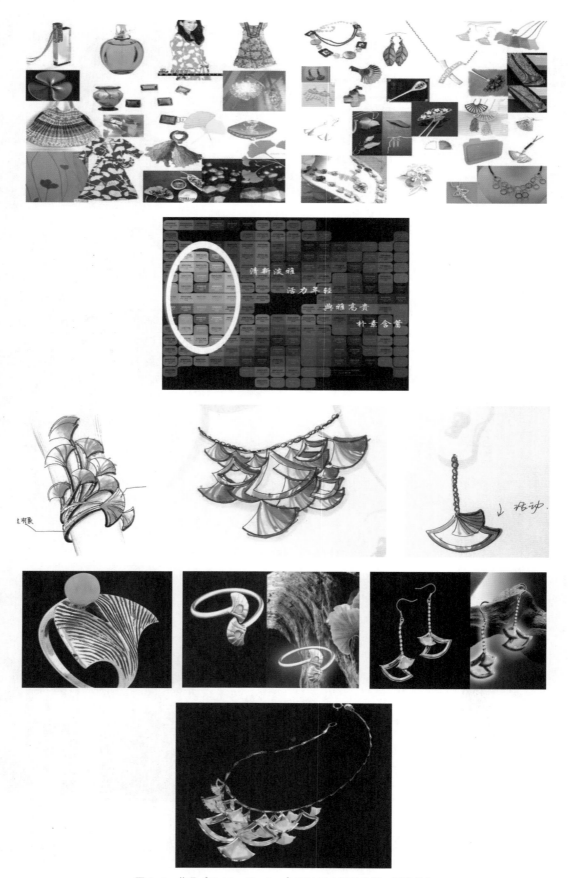

图 2-8　作品《Golden Gingkgo》王竹灵（指导老师　丁希凡）

# 2.2　创　意　与　构　思

## 设计创意创新能力研究

作为一个设计师，应具有创造性思维能力，要善于利用任何现有资源做好设计。创新意识是每个设计师都必须具备的素质。

### 1. 创意与创新能力训练

创意，简而言之，就是具有新颖性和创造性的想法。创新能力训练的方法通常有以下几种。

（1）联想与构思。

要善于将理念与理念联系起来，然后想想这些有联系的理念是不是可以用来描述具有新概念意义的产品。类似联想、形态联想等练习是帮助形成这些想法的方法、手段。

（2）横向思考。

横向思考能力训练会使我们的设计趣味更浓，设计工作的过程变得更有乐趣。

（3）探究原理。

探究原理，会增加看待问题的敏感性。敏感性的增强有助于提高我们把握机遇的能力。

（4）分析失败原因。

有些灵感常常是从失败中获得的，不要害怕失败，要重视它，没有失败就很难吸取教训。思考设计为什么会失败，会有助于创新能力的培养。

（5）尝试新方法。

尝试新方法是一项练习，需要动脑筋好好思考，用另一种不同的方法把以前做过许多次的事情再重新做一次，比较两种方法优缺点。要不断进行新的尝试和体验，并把这些体验同从前的那些进行常规性对比。

（6）类推。

类推训练做得越多，它对做其他练习的帮助就越大，与此同时，它对增强记忆力和机会敏感性也非常有帮助。有时能通过"如果……那么……"的推理方式让你前进好几步。类推是用来向他人解释新概念的一种好办法，也可能会对解决目前的问题有所启发。

（7）知识迁移。

了解某事物并想对其有更进一步的认识，最好的办法就是把它再教给别人。只要有机会，就要把自己知道的同他人分享。把自己的理解口述出来，就会发现自己对这一事物的认识更清晰了。

（8）记日记。

身上随时装着一本日记或日志本，把一些想法、信息以及问题随时记下来。不能指望记住所有经过短时记忆的想法，但是，你会发现把这些想法用笔记下来能帮助你把它们转移到长时记忆中，这就像在日记里添加储存信息一样，把想法记录下来。

要想把设计创新活动坚持下去，必须保持兴趣，同时还必须对新鲜事物有开放的心态。有了这些动力，就能提高把握机会和解决问题的能力。

（9）小结。

及时小结，使我们进行回顾和反思，从而感受到它们给我们带来的益处。通过实践，每个人都会获得大量的、增长知识和扩大创新思维范围的机会。成功的创新，需要创造性思维、创新能力训练，应用所需的知识技能，激发成功所需的各方面的灵感。

## 2. 创意思路

（1）方案选择的目的性，有意识选择专业设计感觉（见图 2-9 和图 2-10）。

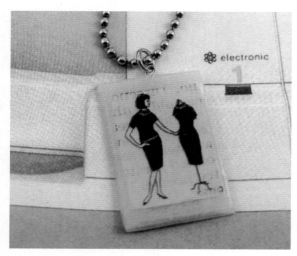 

图 2-9　创意思路来自服装设计的挂件设计　　　　图 2-10　创意思路来自插画设计的挂件设计

（2）抽象和具象的表达。

具象表达是使作品更形象逼真。抽象表达则是避免太真实的一种方法，使作品更能产生联想（见图 2-11 和图 2-12）。

图 2-11　挂件（具象的表达）　　　　　　　　图 2-12　挂件（抽象的表达）

（3）象征性设计创意。

从人们的生活经历中的重要事件寻找创意灵感，设计具有象征意义的纪念性首饰（见图 2-13）。

（4）形象的寓意。

一靠本意传达，二靠内涵的引申（见图 2-14）。

（5）形象化创意设计。

形象的选择性、形象的典型化（见图 2-15）。

图 2-13　挂件（纪念性首饰）　图 2-14　挂件（带有寓意的人物形象首饰）　　　　　图 2-15　水滴主题饰品

（6）联想创意（见图 2-16）。

（7）叙事性的设计。

通过首饰来了解与之相关的事件（见图 2-17）。

图 2-16　挂件（由载有植物的花盆想起）　　　　　　　　　图 2-17　人形手镯

（8）设计语言。

创意语言是设计语言的一种（见图 2-18）。

（9）符号化的个性。

不同国家、地域、民族的图形符号各不相同，在饰品表达上非常有个性（见图 2-19）。

（10）以对象为特征的创意。

在构思中直接明确的传递信息，抓住对象的第一特征（见图 2-20）。

图 2-18 项链（由手提箱想起的）

图 2-19 十字挂件

图 2-20 项链（粗链吊起具有重量感的动物，让人感觉很重）

（11）从历史典故和地域特征上创意（见图 2-21）。

图 2-21 具有地域特征的手链

### 3. 构思与构思方向

构思，就是神思，是一个呈现着系统性的、有中心及层次的、物化的整体性思维活动。构思是写作活动和应用写作活动中承前启后的一个环节，对设计水平的高低有着重要作用。首饰构思方向一般有以下几种。

（1）首饰意向的构思。

没有明确意识的需要，它使人模模糊糊地感到要干点什么，但对于为什么要这样做、怎么去做都还是不大清楚的。意向也许很快会消失，但也可能作为动机产生的一个阶段而转为意图。

（2）首饰主题的确立。

（3）设计角度的把握。

（4）设计素材的选择（见图 2-22）。

图 2-22 《流逝的时光》主题饰品

打开这个精细雕刻的银链匣，里面呈现出一株小小的植物。设计素材选择植物，从植物的成长到枯萎来揭示时光的流逝。

创意构思的训练通常用头脑风暴法，就是只专心提出构想而不加以评价；不局限思考的空间，鼓励想出越多主意越好。这种运用脑力激荡法的精神或原则的训练，可以激发创意（见图2-23）。

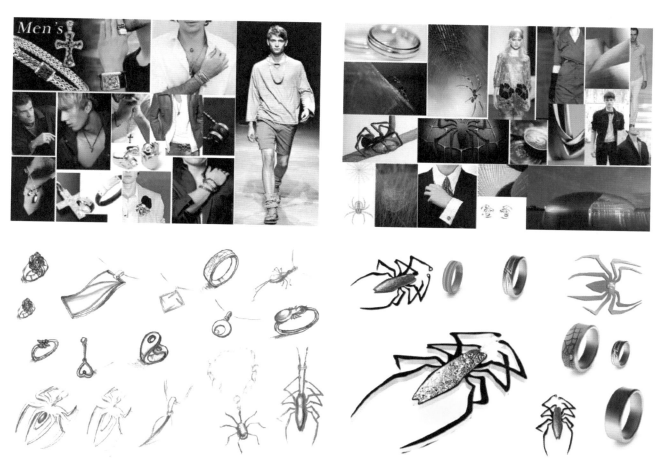

图 2-23　作品《蜘蛛》周逸珠（指导老师　丁希凡）

# 2.3　设　计　说　明

设计说明是珠宝首饰设计的第一步，是设计意图的表述。设计说明来源于设计方案，提供考虑问题的范围及需要解决的问题等方方面面。设计说明一般应当写下来，清楚地说明首饰设计的目的、目标和具体结果。首饰设计说明的格式和内容因编写方式和使用场合的不同而异，因此设计说明的风格也有所不同。但无论何种风格的设计说明，都需认真仔细的理解设计说明所包含的设计信息，这样才能专注设计的全过程（见图2-24）。

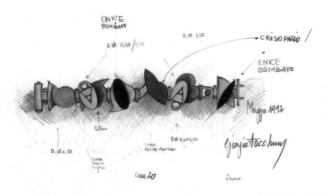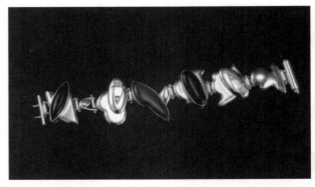

图 2-24　设计方案说明举例

## 2.3.1　在首饰设计过程中，撰写设计说明一般需要考虑以下问题

（1）首先是你的构思，那么你的构思来源是什么？设计主题是什么？这就是通常说的饰品的名称，即首饰品表现的主题概念。

（2）创意设计的来源内容和含义是什么？该设计的创作依据，是属于哪一种文化、符号、图案或者具体的某一事物。即首饰品概念来源，设计联想，总体构想。

（3）设计寓意是什么？通过该款设计需要表达什么含义，这是设计的灵魂，也是首饰最主要的吸引人的地方，要清楚地表达设计者的思想和首饰与主题的内在关系。

（4）面向的消费群体，饰品风格介绍，饰品的品位研究，时尚观点，首饰品造型，功能，材质，色彩结构介绍，视觉风格定位，市场调研，调查分析，需求分析，以及如何呈现它等。

（5）设计材料和制作工艺是什么？需要对饰品的材质做详细说明，对制作工艺进行必要的阐述，以便于最后成品的制作。

（6）总结产品的总体思想。

这样一个首饰设计说明就出来了。

## 2.3.2　首饰设计说明的内容

首饰的设计说明一般包括下列内容。

（1）设计主题，这是产品的名称，一个优秀的设计产品需要响亮并切合内容的主题。

（2）设计来源，该设计的创作依据，是属于哪一种文化、图案、符号或者具体的某一事物。

（3）设计寓意，通过该款设计需要表达什么含义，这是设计的灵魂，也是产品最主要的卖点，任何一个产品都是一种事物或者一种文化，要清楚地表达设计者的思想和产品与主题的内在关系。

（4）设计材料和制作工艺，需要对其产品的的材质做详细说明，必要时需要对制作的工艺进行阐述，以便于制作最后的成品。以作品《彩墨银钩》为例，说明如下。

作品《彩墨银钩》

作者：赵佳

指导老师：丁希凡

作品《彩墨银钩》中采用中国传统大花布，配合银材料，制作一套首饰。大花布上的牡丹，龙凤都是中国的传统图案，色彩冲突强烈的红绿对比或蓝黄对比也是中国传统色彩对比。而银是一种传统首饰材料，它的可塑性很强，无论是古典传统，还是摩登时尚的首饰都可以用银来制作。将银与中国传统花布配合在一起制造首饰，将赋予具有中国传统符号的产品生命。

在首饰造型上选定了云纹作为主元素来设计。作为一种装饰型纹样，云纹在中国人的审美观中具有美好、吉祥的意思。通过云纹的造型转换将它拼成了蝴蝶的外形。蝴蝶是中国人喜欢的一种造型。自古代就有"庄周梦蝶""梁祝化蝶"的美好故事。最终设计了具有复古主义风格的锁的造型（见图2-25）。

图 2-25　《彩墨银钩》

# 2.4　变　化　与　设　计

时尚首饰设计的变化过程中，对于设计素材的选择及设计素材的变形变化，要善于换角度思考，敢于突破常规，并寻找新的表达方式。

## 2.4.1　首饰设计素材的选择

设计是一个创造的过程，它是对原始的设计素材进行分析、变形，采用分割或组合从而得到能体现设计者想法的另一种造型。这个过程包括两个步骤：原始设计素材的选择和从原始设计素材到最终造型的设计演化。

设计来源于生活，原始设计素材来源于设计师在观察生活的过程中记录下来（写生）的对象，包括人物、动物、植物、风景等。这些对象中都蕴涵着丰富的文化，从东方到西方，从古到今乃至未来。设计师对物象的写生不同于一般的美术绘画，它只是着重于掌握对象的结构特征及变化规律。

如原始素材为树枝，对它进行分析、变形。首先对它的结构、内部组织形式进行观察，对各个部分及各个部分的衔接方式进行分析研究；其次进行解剖写生，依据形式美法则进行变化造型，从而获得新的设计造型。

不同角度的观察和选形，获得不同的首饰造型（见图 2-26 ~ 图 2-29）。

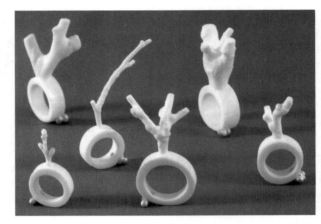

图 2-26　树枝指环设计

图 2-27　树枝挂件设计

图 2-28　同一花卉的不同造型的项坠设计

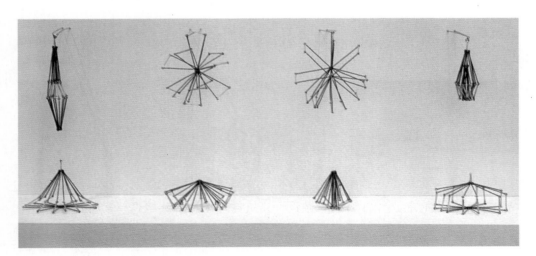

图 2-29　耳饰

## 2.4.2 首饰设计素材的变形

原始设计素材经过各种形式的演化最终得到设计造型。一般来说有三种主要方法：变形、形态组合和形态分割。

### 1. 变形与首饰设计

变形主要是使冷漠的几何形体向生动的有机形体转化，从而更具动势、力度感与人情味。变形的方式一般有以下几种。

（1）扭曲。

轻度扭曲可以使形体柔和富有动感；强烈的扭曲蕴涵爆发力，使形体柔和且富于动态（见图 2-30）。

（2）膨胀。

表现出内力对外力的反抗，富有弹性和生命感（见图 2-31）。

图 2-30 项圈

图 2-31 项饰

（3）倾斜。

使基本形体与水平方向呈一定的角度，表现出倾斜面，产生不稳定感，达到生动活泼的目的（见图 2-32）。

（4）堆积。

基本形态按一定规律堆积变化而呈现各种势态造型（见图 2-33）。

（5）旋转盘绕。

基本形体按照某个特定方向旋转盘绕变化，呈现出具有引导意义的动势。盘绕可以是水平方向的盘绕，也可以是三度空间的盘绕（见图 2-34）。

图 2-32 项坠        图 2-33 挂件        图 2-34 项圈

（6）内凹外凸。

表现外力对物体的作用力（见图 2-35 和图 2-36）。

图 2-35　变形饰品（一）　　　　　　　　图 2-36　变形饰品（二）

## 2. 形态组合与首饰设计

　　形态组合也称加法法则，指两个以上的基本形态组合成新的立体造型。组合的形式很多，有对称，重复，渐变，突变，对比，调和等。加法法则的应用使原来一个简单的结构要素演化成一个复杂的、有丰富情感的设计（见图 2-37）。

## 3. 形态分割、破坏与首饰设计

　　形态分割主要指对基本形态进行分割、切割、破坏从而获得新的造型，传达新的意义。其价值在于认识和改变现有空间，得到所需要的空间造型和符合美的视觉效果（见图 2-38）。

图 2-37　挂件　　　　　　　　　　　　图 2-38　胸饰

# 2.5　传达与表现

"设计的目的是人，而不是产品"，即以人为本的设计思想。因此，成功的设计在物质方面必须符合实用、方便、经济及质优的原则；而在精神方面则必须具备美观、有品位、富有创意和风格独特的条件。现代首饰设计除了在运用材料上给人以愉悦、富足感和个性化，更应该在设计表现形式上给人以精神的满足和净化。

设计师进行首饰设计时，首饰效果图不单单是最终效果的表现，更重要的是设计师的思考过程的传达。让人们一起分享设计的整个过程。效果图不仅仅是作为设计表现，同时也是作为设计分析的一种手段，是整个首饰设计过程的重要环节。它不仅是表现的技法，更是一种徒手表达设计思维的方式。

首饰设计效果的传达与表现主要包括以下几种。

## 2.5.1　设计速写

将设计速写带入我们设计专业人员的日常生活中，成为我们记录生活的一部分，也成为带给我们快乐的工具，这样久而久之学生提高了的不但是设计表现能力，还可以提高我们自己的审美能力，观察能力，独立思考能力，感觉能力和解决问题的能力，还可以锻炼我们敏锐的眼光使我们对设计有一个更深刻的认识（见图 2-39 ～图 2-41）。

图 2-39　风景设计速写图

图 2-40　建筑设计速写图

图 2-41　人物及饰品速写

## 2.5.2　设计草图的绘制

设计草图的绘制见图 2-42 和图 2-43。

图 2-42　蝴蝶首饰的手绘设计草图

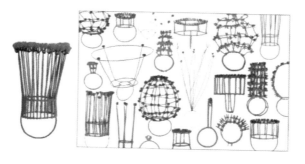
图 2-43　由各种灯联想到的首饰设计草图

## 2.5.3　三视图的比例图

三视图的比例图见图2-44。

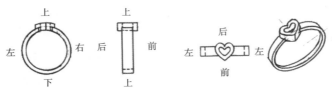

图 2-44　戒指的三视图

## 2.5.4　特殊的结构处理

特殊的结构处理见图2-45。

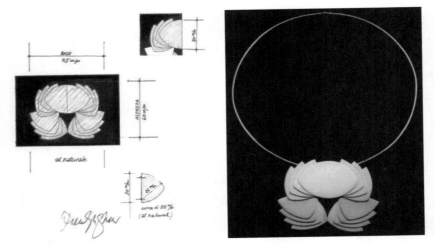

图 2-45　层层相叠结构的首饰设计

## 2.5.5　恰当的表现角度

恰当的表现角度见图2-46。

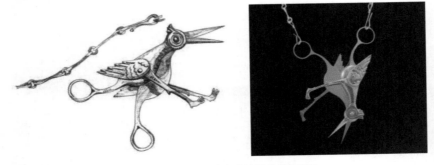

图 2-46　体现动物各角度造型的首饰设计

## 2.5.6　设计画面的艺术处理

　　首饰设计效果的传达与表现是进行首饰设计所不可缺少的，如何正确认识它们在整个设计过程中的位置，并利用它更好地为设计师所服务，最终设计出优秀的首饰作品，同时带给设计师自身的快乐（见图 2-47 ~ 图 2-49）。

图 2-47　设计师拉利克的设计作品

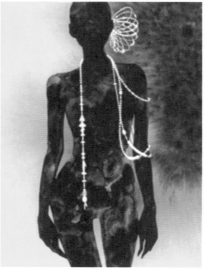

图 2-48　画师 Kareem Lliya 的设计作品　　　　　　图 2-49　画师 David Downton 的设计作品

# 2.6　首饰设计的物化

　　首饰设计的物化，就是从二维平面到三维立体的实施过程，其核心就是对首饰材料的应用与处理方式，它要求必须结合材料本身的性质、制作工艺的手法一起实现。首饰设计从设计到成品，其设计贯穿于构思、效果图、材料与工艺制作的全过程。

## 2.6.1　材质的美感

对于首饰设计师来说，材料是进行创作、传达理念的载体。无论是天然材料还是人工材料，在首饰作品中所表现的都不再是材料本身；艺术的创作从根本上改变了物质本身的传统属性，并赋予它新的精神内涵。并且这种精神内涵在物化过程中传达得越自然，其材质属性越隐退。首饰设计正是合理运用各种与传达精神内涵相适应的材料，甚至开发利用一些新材料来传达首饰的精神内涵。对首饰材质美的表现也是首饰设计的一部分（见图 2-50 和图 2-51）。

图 2-50　羽毛指环　　　　　　　　　　　　图 2-51　树脂挂件

## 2.6.2　工艺的处理

首饰设计是工艺与审美、艺术与技术的完美结合。首饰作为一件艺术作品，材料是精神内容的载体，而工艺则是实现它的手段和途径，工艺的优劣将直接影响设计意图的传达。首饰设计中的工艺和一般意义上的工艺在概念上有所不同，首饰设计中的工艺要求首饰进行加工处理过程的同时，要兼具较高的审美意识和个人技能，并且能够将审美意识和个人技能贯穿在整个工艺中（见图 2-52 ~ 图 2-54）。

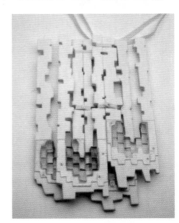

图 2-52　采用拼接打磨划痕工艺的手镯设计　图 2-53　采用镂空相拼的挂件设计　图 2-54　采用镂空叠加工艺的挂件设计

卡地亚大型白鹦鹉主题腕表，表盘雕刻珍珠母贝，内填珐琅，灵感来自于珍珠母贝的透彻和多变的反射效果。其表盘覆盖着极端细小的珍珠母贝镶片，表现出羽毛的细腻感和柔软的手感。这是一项极其细致入微的雕刻工艺，首先根据珍珠母贝的透明度和想要的颜色来切割出极端细小的镶片，之后借助高精密刻刀将其雕刻成羽毛的形状。雕刻师正是通过这样的方式来表现色彩的渐变，打造完美的立体感及深邃感，实现工、艺、美的结合（见图 2-55）。

图 2-55　卡地亚白鹦鹉腕表

因此，首饰的物化过程虽然是以一定的工艺技术作用于材料的制作过程，但人的意识与精神内容每时每刻都贯穿于这个过程的每一个细节，直到制作完成。至此，设计师所要表达的内在的内容，已经被物化为外在的首饰形式。人们对首饰所传达的信息仁者见仁，智者见智，但它却实实在在影响了人们的精神生活。

作为首饰设计师，除了应该对首饰材料与各种制作工艺有相当的理解与驾驭能力外，还要有丰富的社会、政治、经济、文化、艺术与审美心理学等诸多层面的知识，并在具体的设计实践中锻炼，把这种内在的精神信息由内及外地自然传达出来。这种设计的自然传达能力是每一个优秀设计师都应该具备的。

# 第3章 │ 首饰设计的元素

# 3.1　造　型　元　素

造型是指一件饰品所呈现出的外部形状和内部形态的总称，在首饰设计中，造型决定着一件饰品绝大部分的视觉冲击力，并且能够以最显著的方式影响人们对饰品的理解和感觉。因此，为了有效地设计，首先必须了解首饰造型的基本元素——点、线、面、体的应用特点。

## 3.1.1　首饰造型的基本元素

在首饰设计中，点、线、面、体有着不同于一般几何意义上的使用方式，它们是首饰造型的基本元素。正是由于"点、线、面、体"等几何元素在设计中的多种运用才使得首饰呈现出或复杂、或简单的不同造型特点。

图 3-1　颈饰（一）

图 3-2　颈饰（二）

### 1. 点

不论是绘画还是在首饰设计中，点已不是几何学意义上的点，无论它的面积多大，以何种形式出现，只要它在整体空间被认为具有凝聚性而成为最小的视觉单位时，都可以称为点，在饰品设计中的点，不但有大小、形状和厚度，同时还具备了生命的意义，能传达一定的精神内容。"点"在首饰设计中可以是众星捧月的视觉中心点，也可以是形体中的装饰点，甚至密集成线成为面体之上的装饰点，并且往往和线、面、体的构成相结合共同产生效果（见图 3-1）。

### 2. 线

首饰设计的实际应用中，"线"有时穿插于形体，有时决定首饰形体骨架，有时则密集成面或成为装饰于面体之上的装饰线，一般有三种不同形式的线。第一种线是相对于几何学意义上的线，这种线有粗细，有长短，有曲直；截面有方有圆，粗细有规则的，有不规则的；第二种线是面与面之间的交界线或面的边缘线；第三种线是依附于平面或曲面的装饰线，这种线往往具有符号或肌理的意义，其空间占有形式随面的性质而定（见图 3-2）。

### 3. 面

"面"有时稍作挤压就可以成为独特的首饰形体，有时不同的面叠加、穿插也可以成为一个形体。几何学上主要分平面、弧面、折面和曲面。平面分为多种形状，曲面又分规则曲面和自由曲面。首饰设计中，"面"稍作挤压就可以成为独特的首饰形体，不同的面叠加、穿插也可以成为一个形体（见图 3-3）。

### 4. 体

几何学中的体是面移动的轨迹，造型学中的体块是最具立体感、空间感、量感的实体，体现出封闭性、重量感、稳重感与力度感，强调正形的优势。在利用体块进行首饰设计时，要充分利用体块的语言特性，来表现作品的内涵（见图 3-4）。

### 5. 点、线、面、体结合

在首饰设计过程中，"点、线、面、体"等几何元素的综合运用才使得首饰呈现出或复杂、或简单的不同造型特点。而点、线、面、体三种元素综合运用，也将形成风格新奇独特的首饰造型（见图 3-5 ~ 图 3-7）。

图 3-3　项圈（一）

图 3-4　项圈（二）

图 3-5　项圈（点线结合）

图 3-6　手镯（点线面结合）

图 3-7　耳饰（点线面体结合）

## 3.1.2　首饰造型的形式美

变化和统一是首饰造型形式美的两个最基本要素。求新求变是首饰设计的重要手法，没有变化，设计就没有生命力；而统一则是把握变化要素，用一定方法使其有内在联系。变化与统一中的局部与整体或局部与局部之间的协调是有一定法则的，这个法则便是形式美的法则。在首饰造型设计中，除了研究点、线、面等造型基本元素以外，还应研究把这些首饰造型元素构建为造型形态的形式美法则。形式美法则是多样的、丰富的、灵活的，主要有以下几点。

### 1. 对称与均衡

在造型秩序中，对称是各元素在形状、色彩、肌理、重量、面积、位置等方面的绝对平衡相等。均衡并不是物理上的平衡，而是视觉上的均衡，是内在的统一美。均衡打破了对称的严谨，富有动感。在首饰设计中对称和均衡是常用的造型手法（见图 3-8 和图 3-9）。

### 2. 对比与调和

对比必须含有两个以上的不同造型元素才能显示出来，是达到变化最方便的方法与手段。主动运用对比可以打破单调死板的格局，造成重点和高潮。首饰中常用的对比有粗与细、大与小、实与虚、重与轻、硬与软、锐与钝、凸与凹、厚与薄、明与暗、高与低、聚与散、动与静、多与少、直线与曲线、水平与垂直、光滑与粗糙、透明与不透明、发光与无光、上升与下降、离心与向心等。调和是因为对比太弱或太强而采用的加强或减弱的手法，在对立中寻求一种统一的关系（见图 3-10 和图 3-11）。

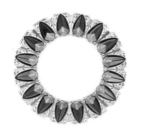

图 3-8　项圈（对称）　　　图 3-9　项圈（均衡）　　　图 3-10　挂件（大小黑白对比）　　　图 3-11　胸针（色彩调和）

### 3. 节奏与韵律

节奏原指音乐中节拍的长短，在造型设计中，指各元素（如点、线、面、色等）给观者在视觉心理造成的一种有规律的秩序感、运动感。首饰造型中可以是疏密、刚柔、曲直、虚实、浓淡的变化所带来的秩序感。韵律原指诗歌中抑扬顿挫产生的感觉，在造型设计中，是指在各造型元素之间及风格形态等在统一的前提下存在一定变化，在某种程度下有一定的反复性存在。韵律是一种潜在的秩序，一种含蓄的美感。节奏中蕴含着韵律，韵律中体现着节奏，两者密不可分。优秀的首饰设计作品时常流露出韵律美（见图 3-12）。

### 4. 比例与尺度

比例与尺度最常用在建筑中，它既是人为的又是客观实在的。在造型设计时比例与尺度密不可分，比例与尺度的运用主要是为了求得视觉与心理上的平衡。形与形之间失去比例会造成紧张的感觉。首饰造型各部分之间的比例关系（首饰与人体的比例关系、首饰本身形态的绝对大小、所有组成部分的划分、表面处理和色彩等）决定着首饰的精神内容能否准确地传达和首饰造型是否具有美感（见图3-13）。

### 5. 主次关系

首饰品设计需要用多种形式、元素来注释形态的功能性，功能的不同必然引起主、次诉求的变化，形态的主次关系包括大小、位置、方向、数量、容量、体积、正负形空间等方面的主次变化和相互作用（见图3-14）。

图3-12 挂件（大小渐变产生韵律美）

图3-13 挂件（大小比例关系）

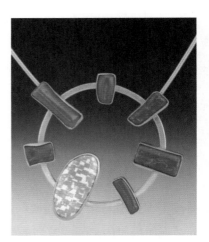
图3-14 挂件（大小和色彩的主次变化）

## 3.1.3 首饰的形态造型

首饰设计的优劣往往由形态美的法则来衡量，这是首饰设计的一般常识。在首饰设计中，设计师越来越关注首饰的形态设计，因为首饰形态不仅是设计师情感意识的传达媒介，而且也是设计师独特设计风格的体现，首饰设计形态的确立自然便成为首饰设计的首要问题。首饰设计形态造型一般有以下几种。

### 1. 具象与抽象形态造型

具象造型一般由较多、较复杂的元素构成，通过多种元素以写实、模仿的方式创造出首饰造型。具象形态造型的首饰相对比较理性，所表达的设计构思和情感通常比较直观，自然造型是具象造型的重要形式，设计师在进行具象形态造型的设计时善于从生活和自然界中寻找灵感，设计出源于自然又高于自然的首饰形态。抽象造型一般由较少或相对简单的几何元素构成，设计师运用概括、比喻、象征等手法对造型语言进行提炼，使人们需要经过自己的思考才能体会造型中设计师所要表达的情感内涵。跟具象造型相比，抽象形态造型相对比较感性，表达情感的方式更加曲折，而不同的人理解作品的结果也往往不同，这也使得很多抽象造型首饰品更加具有吸引力。总之，造型是首饰设计的重要视觉因素，无论是具象造型还是抽象造型都应当遵从造型美的原则。抽象、具象只是首饰外表形态特征，设计的真正灵魂来源于创意（见图 3–15 ~ 图 3–17）。

图 3–15　挂件（抽象形态造型）

图 3–16　挂件（花的抽象形态造型）

图 3–17　耳饰（花的具象形态造型）

### 2. 正负空间形态造型

正负空间是指正形和负形在轮廓上相互借用、虚实转换，形成和谐的造型空间，正负空间在创意上突破了常规思维的限制，通过巧合与联想、虚构营造出两个共存的绝妙空间。在首饰设计中的正空间就是"形"所包围的那部分空间，负空间是包围"形"的那部分空间。这样正负形的相互借用，形成了"你中有我、我中有你"的相对统一局面，感受着共享空间的存在和它们的美妙之处。这种抗衡与矛盾，反而显示出特殊的魅力和视觉上的满足与快感。正负空间与首饰形状是不可分割的统一体，在研究首饰造型的同时就必须考虑正负空间对其造型的直接影响（见图 3–18）。

### 3. 内与外形态造型

首饰造型中，形态并不仅仅是人们所看到的外部形态，它应该是首饰各种形态的方方面面，包括正面反面里面外面，看得见的看不见的，都要进行研究设计，使首饰作品更加具有意义和艺术性（见图 3–19）。

图 3–18　指环

图 3–19　手镯

### 4. 二维向三维空间转换形态造型

在首饰设计的构思和设计过程中，空间是使首饰艺术造型生动的根本要素。造型时我们有时往往还是依循二维思维的习惯，先进行平面的设计稿，而二维空间总是有限的，也检查不出首饰细节和比例等的设计是否合理可行，因此从二维平面空间转换成三维空间甚至是多维空间是首饰造型设计中最基本的手法之一。设计师的创作思想及视野也由此扩展到三维、四维、乃至多维的空间中。现代首饰的设计首先要在无限的空间里构思，继而对要设计的首饰形成有限的心理空间，最后方能给三维空间的首饰形体设计出正确、合理和寓意深远的实用空间（见图 3–20）。

### 5.动静的形态造型

动是艺术造型设计中的动态，反映在设计形态中主要为直线型和流线型。动态体现着首饰造型设计中运动的力度、节奏和刚柔相济的美感，是首饰生命力的集中体现。静是相对于动而言的，在外观上都是相对静止的、平稳的。在首饰设计中应该是动中有静，静中有动。不呆板的形态设计是把动感融入到设计作品中去的一个好方法（见图 3-21 和图 3-22）。

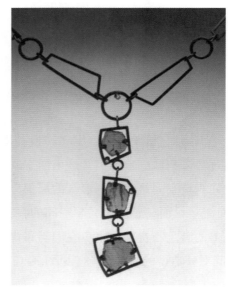

图 3-20　耳饰　　　　　　　　　图 3-21　挂件（动感造型）　　　　　图 3-22　挂件（静态造型）

面对快速多变、纷繁复杂的艺术世界，当代首饰设计很强调运动感、节奏感和韵律感。这是现代社会生活中人们心理平衡的要素，也是几何要素向艺术要素、实用性向装饰性转化和扩展的必然趋势。

# 3.2 色 彩 元 素

在首饰中，色彩是一种特殊的视觉信息，能够在瞬间吸引人们的注意力。不仅如此，首饰色彩还具有强烈的心理与情感倾向，不同的首饰色彩会使人产生不同的联想和感受。因此作为首饰设计要素之一的色彩，便成为最具吸引力的设计手段和无可替代的情感表达方式。

## 3.2.1　首饰的色彩

人类制作彩色首饰的历史可以追溯到 75000 年前，但是由于地域与科技发展的制约，直到 20 世纪 20 年代，人们才真正关注首饰的色彩，并将其与首饰的设计、制作建立起密切联系。由此首饰色彩逐渐扩展，表现出一定的整体风格特征与时代特点，而这些风格特征与时代特点无不受到当时社会生活的影响。

与纯粹的色彩不同的是，首饰色彩除了包括首饰材质的基本色彩外，还应包括因各种首饰加工工艺对材质表面光泽产生的细微色彩变化。首饰色彩的含义就是指通过人类眼、脑和生活经验对首饰材质致色元素和表面光泽变化所产生的光。

## 3.2.2 首饰色彩的种类

### 1. 按材料划分

首饰色彩主要是受到首饰材质固有色彩的影响，因而将首饰色彩的种类按照其材料划分，可以分为金属材料的色彩、宝玉石材料的色彩以及其他材料的色彩。其中宝玉石材料的色彩又分为无机宝石材料的色彩和有机宝石材料的色彩。

（1）金属材料的色彩。

就金属材料色彩而言，首饰设计中应用较多的是黄色和白色金属（见图 3-23 ~ 图 3-25）。

 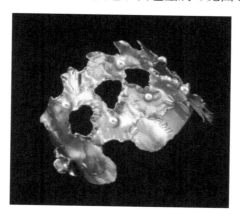 

图 3-23　手镯（合金）　　　　图 3-24　手镯（金）　　　　图 3-25　手镯（白色金属）

（2）宝玉石材料的色彩。

宝玉石材料的色彩分为无机宝石材料的色彩和有机宝石材料的色彩。宝石材料的色彩缤纷，如呈现红色的红宝石、珊瑚、玛瑙等；呈现绿色的祖母绿、翡翠等；呈现蓝色的蓝宝石、青金石等（见图 3-26）。

图 3-26　各类宝石　　　　　　　图 3-27　手镯（真皮材料）

（3）其他材料的色彩。

随着流行首饰的发展，以往并不被传统首饰采用的一些材料如陶瓷、漆器、珐琅、木材、毛线、布织物、羽毛、皮革、硬纸等材料开始被广泛应用，材料的色彩越来越丰富（见图 3-27~ 图 3-33）。

图 3-28　耳饰（编织线材料）

图 3-29　挂件（树脂材料）

图 3-30　手镯（塑料材料）

图 3-31　挂件（绢质材料）

图 3-32　挂件（纸质材料）

图 3-33　挂件（橡胶材料）

## 2. 按风格划分

将首饰色彩的种类按照风格划分，可以分为首饰的传统色彩与时尚色彩。

（1）首饰的传统色彩。

传统色彩是植根于我国特有的传统文化中的。从配色方法上来看，中国传统首饰色彩具有高艳度、强对比的特点。利用颜色的互补关系，如红色和绿色、黄色和紫色、蓝色和橙色来表达喜庆气氛和吉祥含义（见图 3-34 ~ 图 3-36）。

图 3-34　中国红（葫芦吊坠）

图 3-35　中国红（吊坠）

图 3-36　中国蓝（银戒指）

（2）首饰的时尚色彩。

和时尚服装一样，时尚首饰的设计也随着每一季时尚流行色彩的不同发生着巨大的改变。不同流行色影响到首饰材料的选择，不同流行色表达出来的情感直接影响到首饰造型的设计。追求清新自然的质朴生活，绿色便成为环保首饰设计的主色调。时尚界民族风的吹起，各种异域色彩如珊瑚红、蓝绿色开始流行。于是，首饰中珊瑚和绿松石材料成为了那段时间首饰设计的热门之选。富有个性的色彩鲜艳的首饰体现强烈的后现代主义色彩风格（见图 3-37 和图 3-38）。

## 3.2.3　首饰色彩的情感表达

美国视觉艺术心理学家布鲁墨（CarolynBloomer）认为"色彩唤起各种情绪，表达感情，甚至影响我们正常的心理感受"。正因为如此，在首饰设计中合理而巧妙地运用色彩，不仅能使首饰更具视觉冲击力，同时也能在首饰设计师与消费者之间建立起情感的桥梁，唤起消费者的购买欲望。

色彩不仅可以象征事物，还可以象征一些抽象的意念，首饰色彩的象征意义是在联想的基础上形成的对于色彩的固定概念。首饰色彩的象征意义既有世界范围内的共通，也有一些民族文化的差异。

设计师在进行首饰色彩方面的创作时，是利用首饰色彩的象征意义和心理效应来表达情感的。首饰色彩的心理效应，主要包括：冷暖效应、软硬效应、兴奋或安静效应、华丽或质朴效应。首饰色彩使人产生的心理效应是相对的，通过色彩间的相互比较，人们对首饰色彩产生的原有的心理效应会发生变化，所以首饰色彩的心理效应没有明确的标准，会受到内在和外在诸多因素的影响（见图 3-39）。

图 3-37　挂件（时尚环保的绿色）　　图 3-38　手镯（后现代色彩风格）　　图 3-39　项圈（带来愉悦心情的红色）

首饰色彩是设计师表情达意的抽象表现，在首饰作品中具有极其深奥而丰富的象征意义。色彩作为人类精神的载体，与人的心灵存在一定的呼应，首饰色彩表现的不仅仅是其外部的样式，通过对其色彩的认知，人们更能体会设计师的内心感受以及对首饰、对世界的理解和态度。

每一种首饰材料都有其独特的色彩，首饰的色彩表现与情感表达也正是以此为基础展开研究的。纵观首饰色彩的发展历程，首饰的色彩不仅是人类社会生活的一种缩影，也是人类内心变化的真实写照，从中我们可以看到各个时期人类的思想和情感发生的变化和所处的高度，是以螺旋状的发展模式向前扩展，并与人类的社会生活密切相关。不同的首饰色彩表现的是不同的民族文化和地域风貌，其代表了一个国家、民族背后深厚的文化内涵和人文情怀。

# 3.3　材　质　元　素

首饰设计的主要因素是造型、材质、工艺、装饰图案等，而材质为重中之重。材料从大的方向上有很多相似的地方，但在细微之处又会给人不同的感受，使人们对相近的材料有着不同的理解。不同的材料其质感和反映出来的特点不同，有的柔软、有的坚硬；有的粗糙、有的细腻；有的张扬、有的含蓄；有的现代、有的传统；有的鲜活、有的陈腐。在不同环境下，材质内涵和美学价值不同，表达的方式不同，带给人的感受也不同。对材料与首饰设计之间的探索是一个充满诱惑又永无止境的话题。在首饰设计发展的进程中，材料在各个历史时期都有不断地创新与突破，很多经验值得我们借鉴。

## 3.3.1　材料在首饰设计中的地位

《考工记》写道："天有时，地有气，材有美，工有巧，合此四者，然后可以为良。"由此可见，材料对于一件首饰的重要性。材料作为首饰设计的载体，其本身具有个性特征和形式美感，在首饰设计中，材料与造型互为依存、相互衬托，互为升华，反映着人们的物质生活和精神状态，提高人们的生活品质。

现代时尚首饰的材料设计往往在传达时尚视觉效果的同时，也能带给人们某种内心感触，这得益于首饰材料运用范围的拓宽。从首饰设计的角度来讲，简单的材料运用和装饰已不能满足现代人的各种需求，首饰的选材已脱离过去陈旧的观念，除了单一性的贵重金属、珠宝材料，首饰材料已经延伸到多元化的综合性材料的范围。设计的关注点将从单纯的视觉感受延伸到其他感官的共同参与，身体的各种感官将与设计形成互动。材料作为首饰的载体，其本身的特征与形式美感给首饰设计提供了广阔的表现空间。各种不同的材料的质感、肌理、颜色、加工工艺及象征意义，都会给人带来不同的感受，并与人产生互动。以往的首饰设计更多的是关注首饰的造型外观，容易忽略材料创新和变革对首饰设计的作用，现代时尚首饰设计的创新意识则更多地体现在材料创新构思上，设计师们对各种材料的选择更为注重，选材范围的扩大使不同材料的创意构思，逐渐成为现代首饰设计中的一个重要设计元素。优秀的首饰设计作品不在乎材料如何贵重，而在乎材料与设计理念的结合是否贴切，要体会材料本身的特性。

材料的变化创新作为首饰设计的一种特殊载体，赋予了现代首饰设计新的魅力。在首饰设计的整个发展进程中，材料的应用与创新一直起着推动作用，材料的特性、肌理、颜色及象征意义直接影响着首饰的设计理念表达。

## 3.3.2　首饰材料的演变

人类佩戴珠宝首饰已经有很长的历史了，人类爱美的天性促使首饰的诞生。远古人类把野果、树叶、骨骼、牙齿等材料用绳子编织在一起挂在脖子上，可以说这是首饰最原始的萌芽，同时也表明了首饰材料的开始。经过几千年的历史演变，首饰的材料也在不断演变，随着科学技术的日新月异，首饰的材料更焕发出新的生机。

黄金、银、珍珠、宝石等传统首饰用材是人类沿用了几千年的材料。世界进入后工业社会，社会生产力的发展从根本上决定着艺术产业的发展和演变，现代社会高科技，追求高效率，低耗能，追求最大经济效益的生产理念，同样作用于设计行业，于是新结构材料和功能材料及新材料技术应运而生。新型首饰材质的出现，为设计师带来了更多的创作灵感使珠宝的世界变得更加多姿多彩。不断创新的材料再结合首饰设计的人文理念，诞生出更多造型首饰，推动首饰产业向前发展，同时，也印证出人类历史的不断进步。一种新材料的发现或原有材料得到新的运用，往往能引起艺术与设计的变革，从而产生新的艺术风潮。

　　首饰材料的演变，从传统材料到新科技时代对于新材料、新工艺的不断开发演变，使得首饰设计的不断创新有了新的可能。新材料有新的功能，新的视觉效果，运用新材料进行艺术创作，必须用新的观念、新的表现手法来创造艺术形象，以求达到新的艺术效果。今天，随着人们生活习惯、生活方式的改变，审美眼光也发生了巨大的变化。而首饰则日渐成为一种文化的载体，促进着人与人之间更好地沟通，成了人们体现个性、个人品位的象征（见图 3-40 和图 3-41）。

图 3-40　钻石般闪烁的斯斑金

图 3-41　打破黄金传统金黄色印象的彩色金

## 3.3.3　首饰材料与工艺发展

　　在时尚首饰造型设计中，除了材料本身的性质与造型设计有巨大关系外，首饰材料的加工工艺也对首饰的造型起着重要的影响。不同材料组合及不同材料的加工工艺都使首饰表现出不同的美学价值。一方面，材料的性质决定了首饰的加工工艺。在金属材料中，金具有很好的延展性，因此可以打造许多不同的形状。金的硬度不大，金的纯度可以达到 99.99%，因此金的性质决定了其高贵性，由金制作的首饰形状都比较小，适合于细工雕刻。另一方面，首饰的加工工艺中利用金属的延展性、可铸性、可熔性创造出材料的许多新肌理，这些都使新首饰造型设计的空间扩展了许多。就黄金为例，其加工工艺就有很多种方法，如锤炼法、卷丝法、焊接法、贴金法、失蜡法等，不同的工艺方法从一定程度上突出或削弱了材质本身的质感。图中是经过不同的加工工艺所达到的纹理效果，模仿了大自然中各种动植物的纹理，如石头纹理、划痕、磨砂等。这改变了人们以往对于贵金属坚硬冷漠的唯一印象（见图 3-42 和图 3-43）。

　　此外，不同的加工工艺可以使材料本身的特点发生改变，呈现出截然不同的质感。纸制首饰看似轻盈、易撕裂，当把它制成纸浆冷却之后做成的首饰却具有柔韧感，可塑性强，可以制作出各种形状的首饰。陶土首饰松软细腻易揉捏，遇水稍微用力一点就会变成一团泥浆。当它焙烧后表面会变得略显粗糙，具有厚实的深沉感。玻璃晶莹剔透，给人单纯透明之感。当它被打碎再运用时，表现出来的风格完全不同。通过不同的加工工艺，材料的美学价值得到提升，造型设计的空间也扩大了（见图 3-44）。

　　在首饰制作过程中，各种首饰材料常会以其本身特有的质地、肌理、颜色促使我们视觉兴奋，激发我们产生许多特别的审美感受，而首饰新工艺的产生对拓展设计思维的广度和深度非常有效。

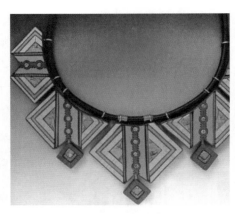

图 3-42　钢挂件（锈蚀加工工艺）　　　图 3-43　银手镯（刻磨刮纹加工工艺）　　　图 3-44　陶土项圈

## 3.3.4　首饰材料多样化趋势

从首饰材料到首饰艺术的演变，是一个艰苦创作的过程，尤其是要求首饰较为深层次的体现特定的风格理念时，对空间多层次的研究，追求多维性视觉形象创造，对材料质感和肌理的探索十分重要。当今的时尚以简约为主导核心，可以看到首饰材料的艺术魅力和不可忽视的重要性。

中国的传统首饰材料大多是以能够显示佩戴者财力或者身份地位的贵金属材料和贵重珠宝为主，如金、银、珠、玉、宝石等。由于不同的材料特性，首饰给人的感觉也都是不同的。然而，世界上的材料多种多样，每一种材料都具有其特性与美感。除了贵金属与贵重珠宝材料外，还有许多其他的材料可以运用到首饰设计中。贵金属与贵重珠宝材料的缺点在于这些材料都非常昂贵并且不可再生，大量开采这些珠宝还会对生态造成破坏，且贵金属的延展性和可塑性具有局限性。随着人们物质生活的富裕，首饰已经不再是身份地位的象征，人们也并不只单一拥有一件首饰，而是拥有很多款不同材质与造型的首饰。所以首饰的创新才是最重要的，尝试不同的材料制作出来的首饰带给自己不同的心理感受。

因此在时尚首饰造型中首先提出的就是首饰材料的多样化，这些材料本身并没有界定，只要可以用得上的材料都可以来制作新首饰。比如尖晶石、陶瓷、塑料、有机玻璃、皮革、石膏、纤维织物等，以及自然界的植物等。时尚首饰材质选择的宗旨在于以体现出材质的美感为目的，尝试首饰的创新设计（见图 3-45 ～图 3-49）。

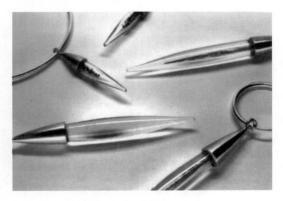

图 3-45　尖晶石质耳环　　　　　　　图 3-46　马鬃质手镯　　　　　　　图 3-47　酒瓶盖制的耳饰

图 3-48 牛仔布制的戒指 　　　　　　　　图 3-49 牛仔布制的花饰

　　时尚首饰设计水平的优劣，很大一部分因素取决于设计者对材料的理解掌握程度，以及驾驭材料能力的高低。运用新材料进行艺术创作，必须用新的观念、新的表现手法来创造艺术形象，以求达到新的艺术效果。材质的贵贱和艺术效果并不都成正比，关键是"因材施艺、匠心独运"，看材质与表达的对象是否吻合。巧妙地运用新材料本身所独有的美感，开发新材料的审美特性，是现代首饰艺术的又一飞跃。首饰设计师应该对首饰材质有透彻的认识，才能使自己的设计、情感和首饰材质达到完美统一。

# 3.4　装饰纹样元素

　　世界各国各民族的文化、传统似乎也在快速地融合。在这种大环境下，现代首饰设计的装饰形式也与日俱新、异彩纷呈，无论是在造型形式的变化、文化理念的提升，抑或是各种材料、工艺技术的丰富

与开发方面，都有创造性的开拓与进展。装饰图案已成为中华民族文化无法忽视的一种艺术表现形式，它对建筑，绘画、工艺品以及戏剧等其他艺术的创作都产生了深远的影响。近年来，传统文化又重燃起首饰界的创作激情，越来越多的传统纹样频繁地出现在现代时尚首饰的设计中。

　　在现代时尚首饰设计中中国及世界各国的传统纹样越来越受设计师与广大受众的喜爱，成为设计师趋之若鹜的题材。越来越多的传统装饰纹样元素被运用到现代首饰设计中，特别是那些造型优美并赋予美好吉祥寓意的纹样，反映着中华民族传统而淳朴的对美的追求心理，通过取

图 3-50 项坠

其"形"、延其"意"、传其"神"、弘其"势"、显其"韵"，使我们能够充分感受到装饰纹样在首饰中显现出的形式美、寓意美和精神美。作为时尚首饰设计元素之一的装饰纹样，既能提升设计的文化品位，同时也传达出人们对美好生活的憧憬（见图 3-50）。

## 3.4.1　取其"形"

　　"形"，指的是形态、形状，是一切造型艺术的根本所在。时尚首饰设计作为一门造型艺术也必须遵

循这一艺术规律，对"形"的有力把握可以形成良好的第一印象，是时尚首饰设计的首要元素。中国传统装饰纹样注重的是形的完整与装饰性，关注形与形之间的呼应、礼让、穿插关系等，组织结构中大多遵循追求对称、均齐的构架效果，为时尚首饰设计等诸多设计提供了借鉴意义。在时尚首饰设计中，有许多造型样式是直接从中国传统吉祥纹样提炼出来的。装饰纹样有很多种，包括动物纹样、植物纹样、风景纹样和人物纹样，具象和抽象纹样等，这些纹样经过演化都可以设计形成各种首饰造型（见图 3-51 ～图 3-54）。

如各种祥云纹、水波纹、如意纹、回纹、盘长纹（中国结）等则是典型的装饰纹样，大量出现在建筑等相关艺术造型上，也被应用到首饰纹样中（见图 3-55 和图 3-56）。

图 3-51 项圈（动物纹样）

图 3-52 项坠（动物与植物纹样）

图 3-53 耳饰（人物纹样）

图 3-54 佩饰（人物纹样）

图 3-55 盘长纹挂件

图 3-56 知名品牌卡地亚的回纹首饰

　　古埃及的装饰纹样，大部分是人物纹样，往往以剪影式侧面形表示，题材多半是故事性的。其中几何形图案由编结物或织物的花纹演化而成。图中的首饰是由狮身人面像为灵感设计的装饰纹样戒指（见图 3-57）。

　　几何形纹样是一种抽象的艺术语言，是由具象演变并简化而成。由点、线、面构成的"形"，虽然不反映具体的事物和含义，但由于它和谐的美使人产生视觉快慰，在精神上起到赏心悦目的审美效应（见图 3-58）。

图 3-57　埃及手镯（公元前 940 年）

图 3-58　挂件

　　以中国传统装饰纹样为例，"S"形，或称为太极图形，其优美的格式为群众所喜爱。《易经．系辞上传》中："易有太极，是生两仪，两仪生四象，四象生八卦，八卦定吉凶，吉凶生大业。"所说的是，太极是世界万物的本源。从新石器时代开始，彩陶纺轮上出现太极图形，由此表现一虚一实，一阴一阳的效果。后来，首饰造型的装饰纹样以"S"形的一对凤，一对鱼，一对花等格式出现，由此表达对对成双，互相追逐的主题。之后，不少的首饰设计师根据这个格式创造出了不少新颖图案形象，如蒂凡尼、卡地亚等。太极纹样可以算得上是中国传统装饰图案中年代最长久的了，图中是一个太极主题的戒指，向上和向下伸展的钻石表现了事物的互为增长，黑色与白色的钻石对比，表现了一阴一阳之道，流线型的曲线对整个图案起到了装饰美化的作用（见图 3-59）。

图 3-59　太极图案与太极图形首饰

　　在现代时尚首饰设计过程中，取传统装饰纹样之"形"绝对不是简单的照抄照搬，而是对其再创造。这种再创造是在理解的基础上，以现代的审美观念对传统纹样中的一些元素加以提炼，使传统纹样不断延伸、演变，或者把传统纹样的造型方法与表现形式，用到首饰设计中来，用以表达设计理念，同时也体现民族的个性。

## 3.4.2 延其"意"

"意"，为寓意，指象征，在传统装饰纹样中蕴藏了更多、更深的吉祥寓意。纹样符号只是这些内在意义中借以表现的外在表达，是"观念的外化"。这些意义最初大多源于自然崇拜和宗教崇拜，进而衍生出期盼"生命繁衍，富贵康乐、祛灾除祸"等吉祥的象征意义。正是由于人们对这种"意"即美好生活的向往和企盼的执著追求，才使"形"得以代代相传，具有强烈的生命力和视觉的震撼力。现代首饰设计将纹样及其寓意进行组合、融汇，形式更加不拘一格，具有强烈的艺术个性，是民族文化传统的深厚底蕴与现代审美情趣完美结合的自然的精神外溢，具有强烈的民族文化特质。

古老的中国是世界文明的发源地之一，在漫长的岁月里，我们的祖先创造了许多追求美好生活和寓意吉祥的纹样，通过借喻、比拟、双关、谐音、象征等手法，把图形与吉祥寓意完美结合起来，将传统图案与现代首饰设计相结合，以创作出具有本土特色又不失现代感的首饰作品。各种装饰纹样往往蕴涵着不同的寓意。如动物图案中的龙，凤凰等象征着吉祥，花卉图案中的牡丹象征着富贵，梅花象征着坚苦和顽强的精神，万年青象征着永恒，橄榄枝象征着和平等（见图3-60～图3-62）。

图3-60　长命锁——连年有余　　　图3-61　挂件——连年有余　　　图3-62　腰挂——耄耋纹

在传统动物纹样中，蝴蝶是中国民间喜爱的装饰形象，蝴蝶美丽、轻盈，是美好的象征，用来寓意爱情和婚姻的美满、和谐，因此常作为情侣首饰或表现爱意的首饰的装饰纹样。现代以蝴蝶为设计素材的作品深受消费者青睐。图3-63是经过夸张处理过的折蝶，它由几何图形所组成，透过这些形状的转动，一只充满动感的蝴蝶就会展现出来，由冷酷的简单线条柔化成有生命的蝴蝶，充分表现了变幻的感觉。图3-64对蝴蝶的翅膀进行了概括和变化，尽显尊贵的气质（见图3-63和图3-64）。

图3-63　簪——蝶恋花　　　　　　　　图3-64　蝴蝶图案首饰

### 3.4.3　传其"神"

　　"神"，指精神。传其"神"就是把中国传统文化的精髓融入到现代首饰设计中。这就要求我们在掌握传统装饰纹样语言的基础上，进一步分析、研究中国传统文化的哲学思想，把握中国的人文精神，并结合当代的社会需求，兼收并蓄，融会贯通，寻找传统与现代的契合点，创造一种原创的、全新的、成熟的，表现出一个民族文化精神的时尚首饰。

图 3-65　挂件

图 3-66　知名品牌卡地亚的打火机

　　时尚首饰设计中所谓对中国传统装饰纹样"神"的凝聚，其实就是对传统吉祥纹样精粹的撷取、提纯和浓缩。现在很多首饰作品中以其简洁凝练的艺术形式，将装饰纹样的"神"凝聚在极富现代感而又简约的造型之中。这种"神"的凝聚也像是小说中加强戏剧冲突一样，都是为了取得强烈的艺术效果。人对首饰精神需求的共同态度和差异，取决于对自然的认识与态度，取决于这种认识与态度所产生的精神文化（见图 3-65）。

　　龙马精神是中华民族自古以来所崇尚的奋斗不止、自强不息的进取、向上的民族精神。祖先们认为，龙马就是仁马，它是黄河的精灵，是炎黄子孙的化身，中国龙文化的延伸，代表了华夏民族的主体精神和最高道德（见图 3-66）。

### 3.4.4　弘其"势"

　　"势"，通常指的是"气度"、"气势"。在这里指的是现代首饰设计借鉴中国传统装饰纹样设计创作作品表现出来的一种气度、气质。"势"也是对首饰造型的整体动态的处理，具有动势的造型才能更快地吸引人们的视线并留下深刻印象。在书法艺术中，"势"指"笔势"，就是字的平正或欹侧，用笔的中峰或侧峰、精细或粗犷，把"笔势"借鉴到首饰设计中，运用中国书法艺术的表现形式和技巧，使表现与形式取得和谐统一，使首饰整体体现出中国艺术的审美情趣与气度（见图 3-67）。

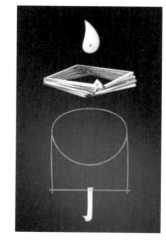

图 3-67　安尚秀《天、地、人》
系列首饰

汉字是世界上体系完整且具有创造力的文字。早期在甲骨文、象形字中有很多文字具有很强的图案性。书法中许多文字既象一幅画又有阅读功能，可以说无书不成画。把握传统装饰纹样的"势"，并将其融合到时尚首饰设计之中，使其在时尚首饰设计中有更好的体现，设计创作出具有一定气度、气质的属于我们本民族的同时又使国际惊艳的时尚首饰（见图 3-68 ～ 图 3-73）。

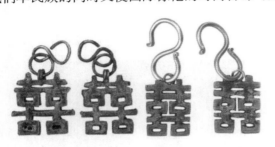
图 3-68 "喜"字耳饰

图 3-69 长命锁

图 3-70 "喜"字挂件

图 3-71 双喜字变形戒指

图 3-72 双喜字变形挂件

图 3-73 "福"字耳饰

## 3.4.5 显其"韵"

"韵"，本是与听觉相关的乐的美学特性；"味"，本是与味觉相关的概念，经过修辞转换、美学转换后成为审美品评的重要范畴。"韵"、"味"合二为一，主要是指令人回味无穷的审美效果。"韵"的文化内涵是一种生命的舞动形式。诗有诗韵、舞有舞韵、画有画韵，"韵"的美体现了刚柔相济而重柔，动静相和而重静，虚实相调而重虚的传统内涵。时尚首饰设计中装饰纹样的"韵"，是指所显现出的韵味，一种含蓄的意味或情趣风味。不同造型、不同风格、不同色彩的纹样，都具有各自的韵味。

如独特的中国风尚和意大利风情融合在一起：琵琶、旗袍、中国扇等中国古典女性美学元素，加上太极、牡丹为代表的东方传统审美情趣，融入世界领先的意大利品牌 SILO 及 Superoro 的创意及工艺，"东西合璧"的独特魅力带来了前所未有的首饰审美新风潮。如中国香港品牌周大福的清韵系列：以琵琶为主要设计元素，灵动的流苏衬托出"犹抱琵琶半遮面"的妩媚；琵琶又喻"知音"，寓意女性拥有过人的智慧，通达而善解人意；琵琶曲清越、悠扬，能体现出中华古韵的精粹所在。清韵的金饰如一曲幽远的旋律，回荡在长空中，绽放出绵长而又动人心魄的东方气韵（见图 3-74）。

将中国的传统文化融合到时尚首饰设计之中，让人们得以更好地了解中国文化、发扬中国文化，使其"韵味"源远流长。（见图 3-75 和图 3-76）。

图 3-74　清韵系列

图 3-75　中国元素的腕表

图 3-76　知名品牌卡地亚的戒指

　　装饰纹样因其丰富的题材、多样的形式、深厚的内涵，而具有持久的、独特的、鲜活的魅力。将装饰纹样运用到时尚首饰设计中既是对文化的继承与发展，又丰富了首饰的文化艺术内涵，加强了艺术感染力。借鉴传统吉祥纹样中的"形"、"神"、"意"、"势"、"韵"，将东西方创意与文化完美结合，设计出具有长久生命力的中国特色的、时代性和国际性的时尚首饰。

# 3.5　工　艺　元　素

　　工艺艺术美主要与加工工艺水平有关，首饰设计不能仅满足于平面设计的范畴，而要在平面设计的基础上，通过各种工艺手段达到立体造型的目的。因此设计首饰前，还要考虑到首饰的制作工艺，这对首饰制作有很大的帮助。首饰从设计图到变成真正的成品需要一个加工制作的过程，在首饰加工制作过程中所运用的技术、方法和手段称为首饰制作工艺。

　　首饰制作工艺有多种，既有中国传统的制作工艺，如花丝工艺、烧蓝工艺、錾花工艺、点翠工艺、打胎工艺、蒙镶工艺、平填工艺等；还有现代机械加工工艺，如浇铸工艺、冲压工艺、电铸工艺等。近几年来，首饰的表面处理不再追求一致的、有序的抛光或磨砂工艺带来的表面效果，而是根据主题需要、材料特点采用不同的表面处理方法，使其更加个性化。

首饰的加工工艺可分为贵金属首饰加工工艺及宝石镶嵌工艺两大类。

# 3.5.1　贵金属加工工艺

贵金属加工工艺又可分为传统手工加工工艺、机械加工工艺及表面处理工艺。

传统手工加工工艺主要有花丝工艺，机器加工工艺包括失蜡浇铸工艺、冲压工艺、机链工艺等，表面处理工艺包括电镀工艺、压花工艺等。

图 3-77　花丝工艺

## 1. 手工加工工艺

花丝工艺，是指用金属细丝经盘曲、掐花、真丝、堆累等手段制作造型的细金工艺。花丝首饰纤细、精巧，富有内涵，近视效果极好（见图 3-77）。

## 2. 机械加工工艺

（1）失蜡浇铸工艺。

失蜡浇铸工艺是现今首饰业中最主要的一种生产工艺，失蜡浇铸而成的首饰也成为当今首饰的主流产品。浇铸工艺适合凹凸明显的首饰形态，并且可以进行大批量的生产。

（2）冲压工艺。

冲压工艺也称模冲、压花，是一种浮雕图案制造工艺。冲压工艺适用于底面凹凸的饰品，如小的锁片，或者起伏不明显、容易分两步或多步冲压成形或组合的物品，另外极薄的部件和需要精致的细部图案的首饰也需要用冲压工艺加工（见图 3-78）。

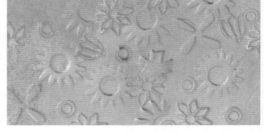

图 3-78　冲压工艺

（3）机链加工工艺。

机链加工工艺是指用机械进行链饰品加工的方法。常见的威尼斯链、珠子链、回纹链等项链均由机械加工而成。机链工艺的特点是加工批量大、效率高、款式多、质量好。现今市场中的项链首饰几乎已被机制项链所占领。

图 3-79　手镯（经过表面处理得到的各种效果）

### 3. 贵金属首饰的表面处理工艺

贵金属首饰在其制作的最后阶段都要进行表面处理，以达到理想的艺术效果。表面处理的方法很多，主要包括：鋈刻、包金、电镀、车花（铣花）、喷砂、表面氧化等（见图3-79 和图 3-80）。

## 3.5.2　宝石镶嵌工艺

金属与宝石牢固连接的常用镶造方式主要有爪镶、包镶、迫镶、起钉镶、混镶等。

### 1. 爪镶

图 3-80　怀表（采用金属木纹制作工艺）

爪镶适合于镶嵌颗粒较大的刻面主石，这种镶法空心无底，透光明显，用金量小，加工方便，对宝石的大小要求不十分严格，但因焊口位较大，所以设计时最好另加衬托物遮盖其焊口位。爪镶包括二爪、三爪、四爪或六爪，镶嵌方便，但与包镶相比不太牢固（见图 3-81）。

### 2. 包镶

包镶包括全包镶和半包镶，抓石牢固，适合难于抓牢的凸面石或随形石，但包镶要求石形与镶口非常吻合，且难于修改（见图 3-82）。

### 3. 迫镶和起钉镶

迫镶和起钉镶主要用于小石的镶嵌，迫镶多用在小方石的群镶，而起钉镶则主要用于小圆石的群镶，包括马眼钉、梅花钉等（见图 3-83）。

### 4. 混镶

混镶就是将不同镶嵌方式结合在同一件首饰上，这种镶法可以将大石与小石协调地组合起来，并可以灵活地处理好高低位及各种弯度（见图 3-84）。

图 3-81　爪镶示例　　　　图 3-82　包镶示例　　　　图 3-83　起钉镶示例　　　　图 3-84　混镶示例

当代首饰设计都以简约为主，工艺要求越来越高，要有线条感、几何感。黄金首饰也突破了以往工艺单一的传统，大胆地与其他材质工艺搭配，如黄金与橡胶和塑胶搭配，都是绝妙的创意，在工艺方面的要求也就越来越高。中国有许多传统工艺诸如花丝、景泰蓝、云锦、雕漆、刺绣等，这些加工工艺将给首饰制造带来意想不到的效果。时尚首饰设计不但要考虑到首饰的可制作性，还要借鉴各种具有民族特色的首饰制作工艺，国外设计师发展了中国的花丝工艺，并设计出独特、具有现代感的首饰。创造性地应用各种不同的表面处理方法，结合新型设计理念，以更好地表达作品的创意，设计出风格各异的当代时尚首饰。

# 3.6 时 尚 元 素

"时尚"，"时"与"尚"的结合，"时"意味着变化、短暂；"尚"意为"崇尚"。所以，时尚就是在特定时段内率先由少数人实验，而后来为社会大众所崇尚和仿效的生活样式，在这个极简化的意义上，"时尚"应当理解为在不断发展变化的时间长河中，现阶段的、当时最新的、人们所尊崇的、关注的一切事物。时尚之所以成为时尚，是因为它必须包含着创造和领先，时尚的真正意义在于探索、追求和创新。

时尚，是时尚首饰设计中使用最频繁也是最重要的一个词。感悟时尚的变换、采集时尚元素、归纳整理时尚信息，将时尚元素有选择地灵活地运用于时尚首饰设计中，是设计师进行时尚首饰设计的责任。

## 3.6.1 首饰的时尚性的体现

首饰的时尚性需要由具体的款式造型、风格、色彩、材料、工艺、理念、功能、细节来体现。

### 1. 款式造型风格

首饰款式造型的创新是建立在设计定位、信息资料的分析及市场调研的基础之上，也是款式造型设计的关键。首饰造型的时尚既要符合大众审美，又要引领时尚潮流，这就需要有独特的风格，时尚首饰的设计风格以多变性和独特性著称，而时尚的本质正是以变化和强调风格设计为核心。首饰风格体现了设计师对时尚独特的视觉和艺术修养，独特风格的首饰设计是个性与时尚完美结合的典范（见图 3-85）。

图 3-85　挂件

图 3-86　颈饰

## 2. 材料的时尚性

材料是体现首饰造型的重要因素，无论款式造型简单或者复杂，都需要由材料来完成。对材料的创新研究，使造型达到多种可能，同时也给首饰设计带来新的思维空间和表现手法（见图 3-86）。

## 3. 工艺的时尚性

工艺技术的创新能使首饰的物化达到最佳效果，同时也是首饰设计的一种手段。工艺技术的创新使首饰造型有了技术上的保证，新工艺、新技术是当今首饰设计具有时尚性、创新性很重要的组成部分（见图 3-87 和图 3-88 ）。

图 3-87　结婚戒指——具有皮肤肌理的指纹产生迷人亲切的感觉　　　　图 3-88　戒指——产生长丝绒的质感

## 4. 功能的时尚性

现代人在生活品质提高的同时，更加注重个性的宣扬和观念的传达。首饰功能的拓展创新意味着首饰更人性化，更深度化，突出了以人为本的理念。时尚首饰越来越强调功能的多样化。首饰不仅有装饰功能，还有功用价值，凸显佩戴者的文化品位及表现时尚感的功能。如磁疗效用的戒指，走夜路时可以发光的手镯，危急情况下发出电流的自卫戒指，装有醒脑液等应急药水的项链，能按摩的吊坠，有对讲、蓝牙、收发邮件、报时等功能的手镯等等（见图 3-89）。

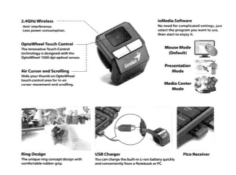

图 3-89　鼠标功能的戒指

## 5. 细节的时尚性

时尚首饰在材料和理念上的创新，使首饰与时尚更加紧密相连，首饰的佩戴方式在传统概念上颠覆了时尚界的传统审美标准，更加时尚另类。这系列首饰给我们带来另类美感，时刻挑战着人们的视感极限，但又能感受到艺术的情趣。独特佩戴方式体现着个性和魅力，用细节捕捉众人的目光，永远走在时尚的前沿（见图3-90）。

图 3-90 手饰

### 6. 色彩的时尚性

色彩是创造首饰整体视觉效果的主要因素。通过不同色彩运用手法，在体现时尚性的同时也丰富了设计表现力（见图3-91）。

图 3-91 Dior 戒指

### 7. 理念的时尚性

设计理念是设计师在作品构思过程中所确立的主导思想，它赋予作品文化内涵和风格特点。具有时尚性的设计理念至关重要，它不仅是设计的精髓所在，而且能令作品具有个性化、专业化和与众不同的效果（见图3-92）。

图 3-92 戒指

## 3.6.2 时尚元素的采集

时尚是由各种元素组成，把握首饰的时尚性，需要有对时尚敏锐的洞察力和时尚讯息分析的能力，从时尚元素的采集中获得设计灵感。

时尚元素的采集方式是多种多样的，关注身边的时尚，是最容易收集时尚信息的方法。通常可以从市场、媒体、网络资讯中采集归纳时尚元素。

（1）商场、专卖店的调研。

（2）街头时尚的调研。

（3）时尚刊物资讯中采集。

（4）时尚网站的资讯中采集。

（5）专业的时尚论坛资讯中采集。

# 3.6.3　时尚趋势的预测

时尚趋势的预测指一个时期内社会或某一群体中广泛流传崇尚的生活方式，是一个时代的表达，是时代的象征，首饰的时尚趋势是首饰发展的动向。时尚趋势不断受经济、社会、政治、文化等变革的影响，它们为时尚首饰设计师提供了基本的设计方向。因此首饰设计师应当具备对流行的敏锐观察力，以及对时尚趋势的预测和分析能力，才能设计出时尚流行的首饰。

## 1. 影响流行趋势的因素

社会经济因素：社会经济的发达与否直接影响到首饰的发展变化，经济水平的提高与首饰消费的进展有着密切的联系。

政治因素：时尚流行趋势是时代的产物，主要受不同时代的政治思想、经济文化和发生的重大事件等客观因素所影响。从历史上看，任何国家、任何时代的变革，都给首饰带来巨大的变动，政治的变革无疑对首饰的流行趋势带来巨大影响。

民族习惯与地域环境因素：固有的民族习惯与佩戴方式也会影响到首饰的功能与需要。他们很少受到时尚流行趋势的影响，因此，他们的首饰变化是缓慢的。

文化思潮因素：首饰的时尚流行趋势直接反映了流行于那个时代的文化思潮。一些文艺思潮和艺术风格的兴起，如洛可可风格、巴洛克风格、构成主义和新艺术主义等都对首饰设计产生了重大的影响。

科学技术因素：科学技术的发展对首饰流行有着举足轻重的影响。古往今来，每一种有关首饰技术方面的发明和革新，都会给首饰的发展带来重要的促进作用。

生活方式因素：在制约首饰流行趋势的诸多要素中，生活方式是较为密切的制约因素。首饰是生活方式的重要方面之一，首饰的流行会随生活方式的变化而变化。

## 2. 时尚趋势分析

（1）情报收集。

设计灵感可能来自许多不相关的领域。设计需要不断地从各方面获取信息，既要考虑目前首饰发展的状况，还要有超前意识。收集情报有许多方法和途径：

街头收集，把行人穿戴着的，有独特风格的首饰速写下来或拍成照片（见图3-93）。

时尚流行趋势预测信息，收集时尚流行趋势预测信息也会影响设计的方向（见图3-94）。

新兴传媒的情报收集。

图 3-93　街拍收集

图 3-94　T 台流行趋势预测发布

（2）流行预测咨询出版物和期刊的收集。

流行预测资料能为设计过程提供所需的流行趋势方面的信息。流行预测信息提供了有关消费者、生活方式、消费者的其他侧面，首饰秀、时装表演、街头表演、街头风格、零售报告及流行趋势等诸多方面的指导。设计师有责任为消费者解读流行趋势，他们能在流行期刊或出版物上找到相关信息，一般有咨询机构编辑出版物以及以杂志形式出版的一般性时尚期刊。

流行预测咨询出版物，这类出版物中包含了一些消费者咨询的热点问题，是为了吸引特定的人或人群的注意。

流行预测期刊，这类刊物格式规范，能从中得到灵感，是各类人群理想的读物（见图 3-95）。

（3）各方面流行趋向预测收集。

时尚流行趋向预测信息比"首饰时尚流行预测"信息涉及的面广，因为它不局限于首饰。流行趋向被记录下来，再由流行趋向预测专家（根据人类行为模式和变化着的市场或消费者新的需求）进行不断地调整，然后向媒体或社会发布。许多企业靠流行预测信息来预测相关的变化并策划自己的产品开发（见图 3-96）。

图 3-95　流行预测期刊　　　　　　　　　图 3-96　时尚流行杂志图

（4）流行色预测收集。

为了预测流行，有必要掌握消费者对产品的色彩喜好，因此色彩是每年每个季度的首饰设计首先要考虑的因素，要提前得到有关流行色预测方面的信息（见图 3-97）。

（5）新材料及博览会的报道收集。

首饰材料的新品种来自于材料博览会所发布的新产品信息（见图 3-98）。

（6）设计师作品发布回顾收集。

设计师作品发布信息是来自于米兰、纽约、巴黎、伦敦和东京的设计师的首饰展、时装展等发布的信息（见图 3-99）。

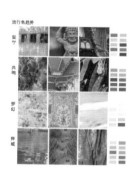 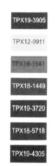 

图 3-97　由权威机构推出的流行色预测图

图 3-98　博览会上设计师的作品收集　　图 3-99　相关时装周信息的杂志

（7）零售报告收集。

收集零售报告提供详细的首饰效果图、来源、设计师、价格、材料、色彩及独特的卖点的信息，以便在全世界范围内，发现零售部门首饰"流行走向"。

（8）符合流行趋势的样品收集。

从世界各地买来的样品，把这些样品经过分析，画成规格图，收入出版物来作为信息收集。

（9）主题收集。

为新季度进行流行预测，通常要确定一系列主题。确定主题的目的是启发和引导设计师为不同规格档次的市场进行设计。要求设计者准确解读主题，设计出适合某一特定档次、市场的首饰。2013年流行风尚主题为巴洛克风情、奢华复古、浪漫神秘、未来主义（见图3-100～图3-103）。

图3-100　巴洛克风情主题　　　　　　　　　　　　　　　图3-101　奢华复古主题

图3-102　浪漫神秘主题　　　　　　　　　　　　　　　图3-103　未来主义主题

时尚元素作为时尚首饰设计的最关键元素，在首饰设计中是一个综合运用的过程，包括对收集的资料、信息和市场的研究，对消费者需求的研究，对时尚文化的根源的研究，对社会生活中时尚的发展变化的研究，对时尚前沿的思维的研究，对首饰造型的形式美法则的研究，以及对新材料新工艺技术和佩戴方式等各个环节的整体掌握的研究，才能把握时尚首饰设计趋势，设计引领时尚的首饰作品。

# 第4章 | 首饰创意性的 设计理念

4.1 首饰设计理念

4.2 首饰设计的综合主题

# 4.1　首饰设计理念

　　理念原本是一个抽象的术语，源于哲学范畴，意即看法、思想，是思维活动的结果。设计理念是指设计的着眼点，是设计思维的根本所在，是设计师在空间作品构思过程中所确立的主导思想，它赋予作品文化内涵和风格特点。设计理念是时代的产物，每个时代都有与之相适应的设计理念。设计理念存在于任何设计领域中，首饰也有属于自己的设计理念。

　　首饰艺术发展至今，多元文化的特点尤为明显，设计师在设计时的主观意识、设计的灵感来源、所采用的花纹图案等，都从色彩、面料、款式、工艺技术等元素方面予以表达，而这些元素能否成功运用，还决定于与首饰设计理念吻合的程度。设计一定要有一个好的理念，好的设计理念至关重要，它不仅是设计的精髓所在，而且能令作品具有个性化、专业化和与众不同的效果。同时它也是设计师个人思考的结果，与设计师个人的价值取向、设计经历和艺术涵养有很大关系。设计理念存在着很大的差异，这便是形成千姿百态的首饰面貌的根源，因此首饰设计中设计理念是最重要的。

　　今天的世界，新产品、新技术层出不穷，人们越来越崇尚追求个性化的生活。这一切使得许多事物发生了变化，首饰就是其中之一。它被从概念、材质、佩戴观念、功能和形式等方面进行了彻底颠覆，设计者冲破定式，扩展和深化了现代时尚首饰的设计理念，而这些新的设计理念主要表现在以下几个方面。

## 4.1.1　功能方面

　　在快节奏发展的当今社会，首饰消费人群对首饰的需求态度早已从保值转变为一种审美情绪。首饰功能已经由传统单一的实用、装饰、宗教信仰功能转变为情感需求、人为需求、感性需求功能。正如美国社会预测家约翰·奈斯比特在他的著作《大趋势》一书中认为："现代工业社会进入了信息社会阶段，高技术给人们带来了衣食住行各方面的改革与进步，但技术越发达，人们就愈要求在人的高情感方面的平衡。"因此，当代首饰的功能更倾向于表达人的情感（见图4-1和图4-2）。

图4-1　故事形挂件（一）　　　　　　　　图4-2　故事形挂件（二）

## 4.1.2　首饰类型与适合人群方面

　　首饰作为一种古老的艺术形式，经过千百年来的发展，已经与人们的生活息息相关。设计和选择首饰时，往往注意首饰的款式与自身气质及服装风格的协调，对使用人群进行定位，来确定首饰的目标消费群体。而如今时尚人群追逐最多的是个性的强烈表达，打破常规、打破局限，不受功能制约，不受心理定势的影响，由此产生非凡的创意理念。设计者可以放弃首饰最初的使用观念和佩戴功能，而只是引用了首饰的一个概念或是某种特性，将自己的作品所要表达的理念依附在这个载体之上。首饰可以装饰在肩上，也可以既当颈饰又当衣服穿（见图 4-3 和图 4-4）。

图 4-3　装饰在肩上的首饰设计　　　　图 4-4　既当颈饰又当衣服穿的首饰设计

## 4.1.3　设计视角方面

　　创意是生活，更是生命。我们需要有创意的设计，有创意的制作，有创意的选材，创意来源于对生活细致的观察、创意来源于打破思维的定势、创意来源于设计角度的转换。当今首饰已经进入了一个发展更自由、更多元化的时代，在与绘画、建筑、雕塑、产品、服装等领域的交集中，获得了发散性的思维和灵感。首饰已不再当做首饰饰品去设计，而是把它当做一个小雕塑、一个小摆件去设计，当做壁画或者壁挂去设计，当做一个草书的字体去设计，当做一个构成主义的画面去设计，或者是即兴人工制作首饰产生的特殊效果等，这些都需要设计时，更加注重人与社会的关系，注重当代社会的一些现象。从这些角度去进入，去捕捉生活中可以感染人的细节，形成设计理念，借此来表达设计者的观念。首饰设计视角的转换赋予了饰品全新的设计思路和理念（见图 4-5 和图 4-6）。

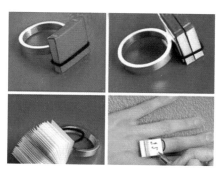

图 4-5　项圈　　　　　　　　　　图 4-6　戒指

## 4.1.4　多视点设计方面

　　视点即视觉焦点，指在艺术设计中设计师所表达的设计思想集中体现在某个部位和视觉焦点上。在首饰艺术设计中，设计视点除了体现在首饰的装饰部位、形态设计、工艺手段、材料等方面，还体现在其他细节上，求新求奇才能够与众不同，迅速抓住眼球才能成为视觉焦点。多视点的设计是对生活的提炼与表现，对生活的细致观察能够使首饰设计产生好的设计理念（见图4-7～图4-9）。

图 4-7　乌木钢琴键戒指　　　　　　　　　图 4-8　戒指

图 4-9　项圈——从环保的角度出发的创意设计

## 4.1.5　文化内涵方面

　　21世纪是文化的世纪，人们对文化具有更为迫切的需求。要求首饰设计者在创新中孕育不同的文化意味。成功的设计，总是代表特定时期先进的思想和技术，折射出文化和艺术的精髓。对于首饰的文化内涵更要继承民族传统，寻觅中华民族传统文化之魂，寻觅中华民族生生不息的民族精神。使中国的设计更具民族性和本土文化的特性，这是中国设计走向世界的根本，也是立足世界的根本，更是中国首饰设计的理念所在（见图4-10）。

　　总而言之，创意设计的思路很多，理念很多，只要能够打破思维的定势，打破思维的惯性，不受功能制约，不受使用人群、使用环境的影响，细心地去观察生活，首饰的设计一定会具有更多的新意，来满足更多人群的需要。

图 4-10　灵感于中国戏曲的挂件

# 4.2 首饰设计的综合主题

设计理念和主题是设计一件好作品的根本，也是首饰设计的卖点，是首饰设计师赋予首饰作品的生命和灵魂。首饰设计首先是去寻找作品将要表达的思想即主题，将社会的、文化的、时尚的元素提取出来，再去寻找表达这种思想合适的手段形式，把提取出来的主题以艺术的风格附加到合适的载体上，再回到社会中，引起人们感情的交流。所以设计者要了解不同时代的首饰特点、主题来源及相应的社会文化、政治、经济背景，了解历史以及其相呼应的著名作品的产生来源，了解现代社会的特点和相关文化的发展，了解这个时代人们的心理特点，从中寻找好的设计主题。

首饰设计主题体现有以下几种。

## 4.2.1 异域风情的体现

异域风情总是给人以神秘感，让人无穷怀念，首饰设计主题由此常取材于不同的民族、不同地域的民族风韵、民俗民风等方面。人们开始追寻文化之幽意，开始强调运用文脉、隐喻、象征等形式语义以及民族特色的纹样图案作为设计元素，体现人们对传统文化的寻求。具有深厚文化底蕴的现代时尚首饰设计的每个主题都散发着浓郁的文化气息与异域风情（见图 4-11 和图 4-12）。

图 4-11 异域风情头饰（一）　　　　图 4-12 异域风情头饰（二）

## 4.2.2 源于自然的体现

大自然是人类创新的灵感源泉，人类造物的信息都是源自于对大自然的仿生模拟。让设计回归自然，已成为现代首饰设计的潮流。设计主题常取材于大自然、生物世界，对首饰造型赋予生命的象征，是人们对大自然的亲近，对大自然的向往，也是人们对精神生活的追求。体现环保主义的、以自然界的花花草草为主题，用塑料瓶盖和清新色彩制作戒指和挂件，设计师用浪漫理想化和完美求全的手法，寓形寄意，托物寄情，借自然事物表达了人们对生活美好的愿望（见图4-13和图4-14）。

图4-13 花卉主题（戒指）　　　　　图4-14 花卉主题（挂件）

## 4.2.3　社会题材的体现

中国的历史源远流长，首饰的发展也经历了一个漫长的时期，通过首饰的题材设计，可以了解一个社会的文化层次，以及当时社会的价值观。在现代时尚首饰设计中，社会性题材的首饰越来越多地被设计者发掘出来，设计者通过关注社会，介入当下的生活，关注人的生存状态，回应当前的文化问题，表现的是一种更为现实感的冷静，表达出自己对身边环境的变化及个人真实情感的体验，同时引起观众对许多社会和文化问题的关切和思考。钻石设计师Philippe Tournaire设计的房屋戒指由此闻名世界。将人的梦想之屋重现于指尖之上（见图4-15）。

图4-15　以房屋为题材的戒指设计 Philippe Tournaire

## 4.2.4 情感意趣的体现

情感主题是整个情趣表现中最具活力、内涵最为丰富的部分，也是最能吸引人的因素。情感是艺术表现的普遍与永恒的主题，特别是高度工业化的现代社会，人们希望在首饰中表达情感，亲情、友情、爱情主题都是现代时尚首饰设计表达的常用主题。只有生活中的真情实感，才能设计出有怀旧的情感和抒情浪漫意趣的首饰。首饰中才会因此流露出丰富的情感（见图 4-16 和图 4-17）。

图 4-16  挂件　　　　　　　　　　　　图 4-17  胸针

## 4.2.5 梦幻新奇的体现

在现代首饰设计中，表现梦幻新奇的设计主题成为流行，如现代工业、现代绘画、宇宙探索、电、声波、光、空间、时间及电信、网络等成为现代首饰设计的主题题材，都给设计师带来无限的想象。体现对未来的想象和时代气息的时尚首饰，满足了人们追求新奇、神秘的需要（见图 4-18 和图 4-19）。

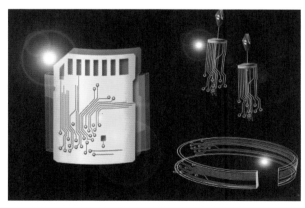 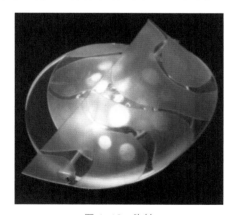

图 4-18  芯片系列首饰（戴丽霞）　　　　　图 4-19  胸针

传统首饰表达的主题是单一呆板的，当代时尚首饰设计主题选择应从过去、现在和未来的各个方面挖掘主题，寻求创作源泉，同时还要根据流行趋势，人们关心的生活内容和思想意识情趣的变化，选择符合社会需求、具有时尚风格的设计主题，摆脱首饰的单调、豪华、财富、社会等级的印记，使首饰更符合艺术的语言，更丰富生动，达到更高的艺术境界。

# 第5章 | 首饰设计表达

在当代时尚设计领域，首饰设计使用图文表达的方式对首饰进行创作，即将头脑中对某一饰品的创意和构思用图来表现出来。首饰的绘画主要是记录首饰设计构思及设计者对首饰设计的预想方案的一种方法，具有相当的技术性。为了能使首饰更完美，首饰表达的艺术技巧也是非常重要的。好的首饰设计图，不仅能完善设计者的方案和降低成品制作过程的风险，而且能将首饰的风格很好地烘托出来，让消费者购买产品得到心理保障，从而得到消费者的认可。

# 5.1　时尚首饰设计绘画技巧

## 5.1.1　线条的运用

时尚首饰设计绘画中，线条的运用较为重要，因为线条是最为快捷有效的表现手段。不同的线条能表达出不同的设计意图，不同的材料造型则能用不同风格的线条来表示。首饰效果图中的线条有时并不一定是对首饰造型的刻画，也可以作为一种气氛的渲染（见图 5-1 和图 5-2）。

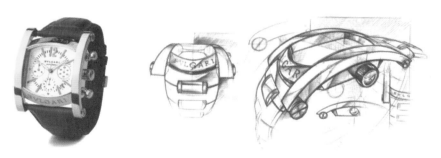

图 5-1　宝格丽 Assioma 腕表——非凡结构与线条表现形式，令人联想起建筑师的技巧

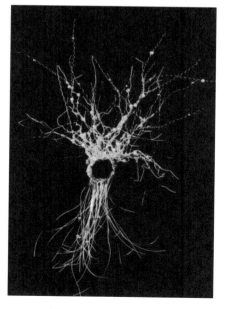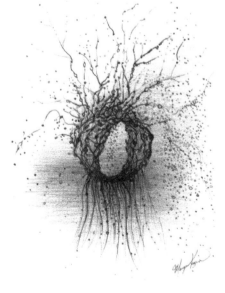

图 5-2　项圈设计——轻松流畅随意带有速写味道的线条，营造出浪漫气氛

## 5.1.2　透视的表现

　　首饰是一个立体的事物，不同的角度会呈现不同的视觉效果，而首饰设计则是一个立体效果图的想象与表达过程。设计者需要在二维的平面上绘制出不同角度的三维立体的效果图，才能更好地表现首饰。这就需要我们了解和掌握透视学的基本知识（见图 5-3 ~ 图 5-5）。

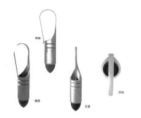
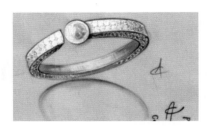

图 5-3　电脑绘制　　　　　　图 5-4　三维立体效果图　　　　　图 5-5　手绘透视图 Cecile Arnaud

## 5.1.3　色彩的表现

　　时尚首饰绘画中的色彩表现较为简单，通常使用物体本身材质所具有的色彩，但并不意味着色彩的搭配和色彩的层次不重要，无论是其金属材料还是宝石材料，或其他材质，其色彩的搭配依然非常重要，首饰要晶莹剔透和干净明亮，这就需要色彩在明度和纯度上均较高。而不同风格、民族、地域、文化的差异，也需要设计者准确搭配色彩，最终完成设计图（见图 5-6 ~ 图 5-8）。

图 5-6　带有民族地域色彩风格的挂件（成品）　　图 5-7　手绘图　　　图 5-8　各种颜色宝石的手镯（手绘图）

## 5.1.4　质感的表达

　　时尚首饰的质感是首饰设计绘画中最重要的表现。首饰材料的丰富，材料之间的搭配便成为首饰设计的一部分，由此成为在设计绘画效果图中重点表现之处。因表面的处理可换成另一种质感，所以触觉上和视觉上质地的感受互为转换，都充实了设计意图（见图 5-9 ~ 图 5-12）。

图 5-9　金属质感表达

图 5-10  钻石质感表达　　　图 5-11  皮革质感表达　　　图 5-12  珍珠质感表达

## 5.1.5  绘画工具和材料的混合使用

　　时尚首饰效果图的绘制，有意思的地方在于对材质和绘画工具的混合使用。因绘画工具非常丰富，加之软件中的各种画笔效果，混合使用可以表现出各种意想不到的风格和效果（见图 5-13）。

图 5-13  佚名绘制

## 5.1.6  首饰风格的理解

　　理解首饰的风格就是准确地传达信息，不同风格的首饰有不同的设计理念。什么样的风格可以选择什么样的方法来表现，充分地理解首饰风格和熟练地控制画面的能力，能准确地传递和接收信息（见图 5-14 ~ 图 5-16）。

图 5-14  形象逼真地刻画出首饰的华丽——梵克雅宝珠宝　　　图 5-15  细腻写实的手绘体现了首饰的精致 Cecile Arnaud　　　图 5-16  简练轻快的线条表现了首饰的明快浪漫风格 David Downton

# 5.2　首饰设计图绘制要求

## 5.2.1　设计的绘图过程及工具

### 1. 设计的绘图过程

时尚首饰绘制过程通常分为设计草图绘制和设计正稿绘制。设计草图要求表现首饰的款式造型和内在结构，能表达出设计的想法理念。设计正稿绘制要求准确表现首饰的造型、结构、透视、色彩、质地、细节等，并要求体现首饰的风格（见图 5-17）。

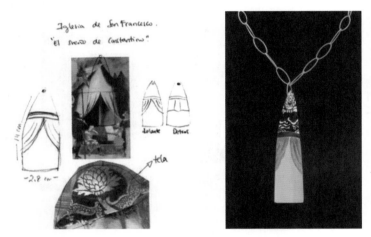

图 5-17　首饰设计草稿和设计正稿绘制

### 2. 常用的绘图工具

绘制首饰效果图一般有手绘首饰效果图和电脑绘制首饰效果图。在手绘首饰效果图中的常用绘图工具有铅笔、木炭笔、钢笔、水笔、毛笔、马克笔、水粉色、水彩色、卡纸、绘图尺、专用首饰绘图模板以及其他一些有特殊效果的绘图笔、绘图颜料、绘图尺等绘图工具。电脑绘制首饰效果图主要使用电脑、手绘板及相关软件（见图 5-18 ~ 图 5-20）。

图 5-18　各种绘图规尺规板　　　　　　　　　图 5-19　绘图颜料

图 5-20　绘图笔

## 5.2.2　构图

在首饰效果图中，构图非常重要，是视觉上能否吸引人的关键。时尚首饰效果图追求构图上的别致新颖。首饰效果图要求在画面的长宽比、首饰主体的大小及布局、主次等方面有独特的角度设计和不拘一格的画面安排，这样才能更好地表现设计者的设计思想内涵和独特的美感（见图 5-21 ~ 图 5-23）。

图 5-21　Cecile Arnaud

图 5-22　Arturo Elena　　　　　图 5-23　威拉蒙岱

## 5.2.3　线条

线条是表现首饰造型最简便的方法，熟练运用线条是画好时尚首饰效果图的必要技巧。首饰整体上属于形制较小的产品，在设计中一般运用较细的线条，线条需流畅肯定，要确保所绘制的图形结构清楚，形态明了，当然有时线条也不仅仅作为造型的手段，而是用来传达出首饰作品的气氛、韵律节奏美感的形式语言（见图 5-24）。

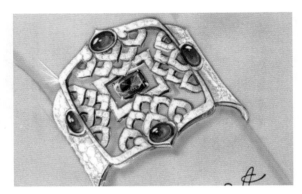

图 5-24　Cecile Arnaud

## 5.2.4　透视图及三视图

在首饰的透视图表现中，一般采用成角透视（两点透视），并低于视点进行表现。同时，要根据不同的款式适当调整角度，其透视效果与造型、色彩、角度等有关。在绘制过程中最基本的表现原则是尽可能充分展示首饰的主面。无论戒指、吊坠还是耳环等其他款式，均以主面为其表现的正面。

三视图是观测者从三个不同位置观察同一个空间几何体而画出的图形。从前、左、上不同角度观察首饰，基本可以准确掌握首饰的整体造型，首饰的三视图包括主视图、左视图和俯视图。三视图表现是绘制首饰创意效果图的主要技法之一，可直接运用于生产制作，是首饰创意表现的具体制作与实施的重要环节（见图 5-25 ~ 图 5-29）。

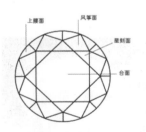
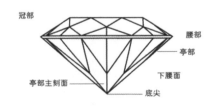

图 5-25　钻石俯视图　　　　　　图 5-26　钻石主视图

图 5-27　钻石主要形态

图 5-28　电脑绘制效果图　　　　　图 5-29　透视图及三视图

## 5.2.5  质感表现

时尚首饰效果图的质地表现并不是一定要如照片般逼真，但一定要让观者感受到物体质地本身特有的视觉特征。如金属的、宝石的、塑料的、皮质的、纸质的、光感的和无光感的、软的硬的、轻的重的等，这些都可以通过绘画技巧来表现出来（见图 5-30）。

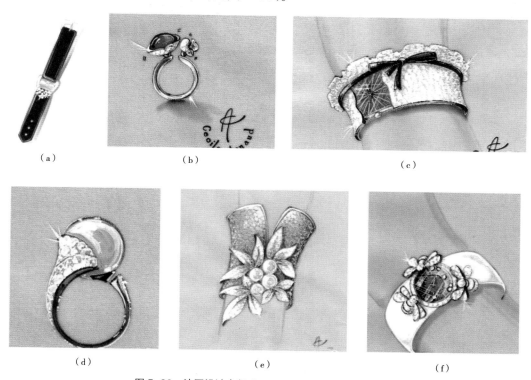

（a）　　　　　（b）　　　　　　　（c）

（d）　　　　　（e）　　　　　　　（f）

图 5-30　法国设计大师 Cecile Arnaud 的珠宝手绘作品

# 5.3　首饰设计表现技法

时尚首饰的表现技法从选择工具的角度来划分主要有两种：一是手绘首饰效果图，二是电脑珠宝首饰效果图。无论哪种技法在时尚首饰的生产过程中都是关键的环节，甚至是首饰能否有良好销售市场的决定性因素，那么我们在产品设计过程中使用何种表达方式更合适呢？应该说手绘表现与电脑效果图表现各有利弊，因此不能孤立地说手绘或者电脑表现哪种表现技法更适合首饰设计，两者之间的结合共存才是目前设计者所提倡的。

## 5.3.1　手绘首饰效果图表现技法

相对于电脑首饰绘画，用传统的绘画工具将设计构思绘制于纸上，它的优点在于记录设计构思时，手绘更具有快捷方便的优势，而且还能刺激设计师产生新的想法，而在特殊线条及风格表现方面所凸显出的优势是电脑表现效果的方式所不能媲美的（见图 5-31 ~ 图 5-35）。

图 5-31　水粉色绘制

图 5-32　水彩色绘制

图 5-33　水粉绘制

图 5-34　钢笔彩色马克笔绘制

图 5-35　钢笔、铅笔、炭笔色粉笔绘制

## 5.3.2　电脑首饰效果图表现技法

　　电脑革命以来，社会上的各行各业以及人们的生活方式发生了巨大的变化，电脑模拟仿真制作的效果图是手绘所难以达到的。电脑首饰设计因具有良好的操作性和互动性，应用越来越广泛。相对于传统手绘，它的优点在于电脑设计建模准确，修改方便，存储方便，尤其是电脑的数据库及人机交互式的特点可以给设计者提供新的灵感，并在设计的过程中实现真正的即时三维立体化设计，首饰的任何细节都能展现在眼前，设计者还可在任意角度和位置进行调整，在形态、色彩、肌理、比例、尺度等方面都可

进行反复比较修改，创造出更加精确逼真的设计效果图，也易于产品的开发和组合。目前常用的电脑辅助首饰设计软件有 Jewel CAD 、Rhinao 3D 等（见图 5–36 ）。

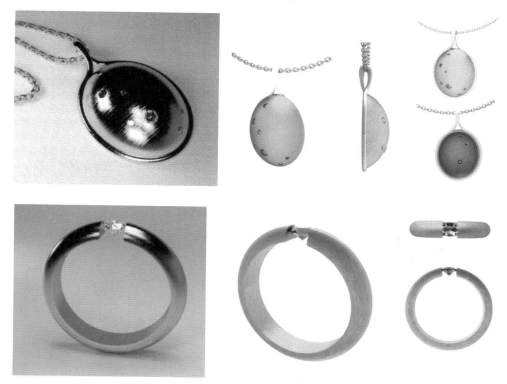

图 5–36 电脑绘制

# 第6章 ｜ 首饰赏析

# 6.1 首饰风格赏析

社会文化的多元化，当代首饰的设计风格频繁更迭，这些风格归纳为：民族风格、古典风格、新古典风格、自然风格、雅致风格、简约风格、华丽风格、古朴风格、前卫风格、象征风格、粗犷风格、趣味风格、浪漫风格、后现代风格、混搭风格首饰等。

## 6.1.1 民族风格首饰

民族风格就是一个民族特有的文化符号或文化特征，是一种民族元素，是一个民族在长期的发展中形成的本民族的艺术特征，它是由一个民族的社会结构、经济生活、风俗习惯、艺术传统等因素所构成的。以民俗民风作为设计灵感，汲取中西民族、民俗首饰的款式、色彩、纹样图案、材质、装饰等元素，借鉴运用到时尚首饰上，设计出具有民族气息和深厚文化底蕴风格的首饰。吸收时代的精神、理念，借用新材料以及流行色等，以加强首饰时代感和装饰感的设计手法（见图6-1 ~ 图6-3）。

图6-1 挂件（中国民族风格）

图6-2 手镯（中国民族风格）

图6-3 挂件（日本风格）

## 6.1.2 古典风格首饰

古典风格的首饰因流行的时间非常久，所以无论在任何场合它的佩戴都显得中规中矩。这种风格的首饰设计对称、简单、充满融洽调和的味道，颜色的配合也极其柔和，做工极其精致。传统的原则和价值在古典风格首饰里面都能够表现得淋漓尽致（见图6-4和图6-5）。

## 6.1.3 新古典风格首饰

新古典风格首饰，主要指在造型或其他形式元素中应用传统样式，对古典符号、图式、纹样进行变化重构的首饰。新古典风格首饰的题材不是简单的拟古，而是凭借全新的技术工艺和新材料加以表现，其特点即是讲求首饰色彩的绚丽、图案及其轮廓结构的繁复精巧，呈现出怀旧而不失时尚性的首饰风格，一些原始部落的神秘图腾，都成为这一具有装饰倾向风格的题材，并加入当代的审美趣味（见图6-6）。

图6-4　古典风格挂件

图6-5　古典风格手镯

图6-6　新古典风格挂件

## 6.1.4　自然风格首饰

自然风格首饰指设计中主要应用自然界丰富的光彩、线条与其他和谐优美的元素或表现自然趣味，使佩戴者产生回归自然感觉的首饰。现代工业污染对自然环境的破坏，繁华城市的嘈杂和拥挤的高节奏生活等，都给人们造成种种的精神压力，使人们不由自主地向往大自然，这都成为首饰设计师们的灵感源泉。生机勃勃的大自然是首饰设计者的灵感源泉，纯净的线条，透过比例均匀的造型，天然的材质，带给人安静、纯真、和谐的感觉。秀美的树叶、有趣的贝壳、充满生命力的向日葵、奇妙的斑马纹呈现着一种自然的悠然美的风格（见图6-7）。

## 6.1.5　雅致风格首饰

雅致风格是一种带有极强文化品位的装饰风格，它打破了现代主义的造型形式和装饰手法，注重线形的搭配和颜色的协调，反对强烈的色彩反差和重金属味道，注重文脉，追求人情味，注重品质和装饰细节，追求品味。雅致风格可以是简约的线条、自然的材质，但却没有呆板和单调，没有繁琐和严肃，而是让人感觉庄重和恬静，使人在空间中得到精神上的放松。雅致风格首饰讲究细节设计，强调精致感觉，装饰比较女性化，造型较多自然曲线，色彩多为柔和的灰色调，展现出脱俗、优雅、稳重而又不失时尚感的气质风范（见图6-8）。

图6-7　自然风格项圈

图6-8　雅致风格项圈

## 6.1.6 简约风格首饰

简约风格更倾向于一种纯美学的追求。它不会因为简单而放弃形式美，也不期望表达什么愤世独行的反传统精神，它要通过简洁而又合理的形式结构，传达一种温婉气质和知性的智慧美。简约风格的首饰几乎不要任何装饰，信奉简约主义的设计者擅长做减法，把一切多余的东西从首饰上拿走，要求形是设计的第一要素，既要考虑其本身的比例、节奏和平衡，又要考虑与人体的理想形象的协调关系。这种风格的首饰有着精心设计的廓形、精确的结构、精致的材料表现和精湛的工艺技术（见图6-9和图6-10）。

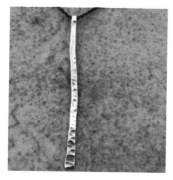

图6-9 简约风格挂件

图6-10 简约风格手镯

## 6.1.7 奢华风格首饰

奢华风格代表着一种生活态度，是一种品位和格调的象征奢华风格首饰的特点是体现豪华艳丽的整体造型（见图6-11和图6-12）。

图6-11 奢华风格手镯

图6-12 奢华风格项圈

## 6.1.8 古朴风格首饰

古朴风格指一种原始意味，返璞归真，古老而质朴的风格。古朴风格首饰的特点是崇尚古风，追求一种不要任何虚饰的、原始的、纯朴的美，在情趣上不是表现强光重彩的华美，而是以纯净的朴素为主要特征，它承载着浓重历史记忆，传达着浓浓的情愫（见图6-13和图6-14）。

图 6-13　天然小石头挂件　　　　　　　　　　　图 6-14　藤编耳饰

## 6.1.9　前卫风格首饰

前卫风格受波普艺术、抽象派艺术等影响，造型特征以怪异为主线，富于幻想，运用具有超前流行的设计元素，线形变化较大，强调对比因素，局部夸张，追求一种标新立异，反叛刺激的形象，是个性较强的风格。前卫风格的首饰表现出一种对传统观念的叛逆和创新精神，多使用奇特新颖，时髦刺激的材质，而且不太受色彩的限制，这种风格的首饰更加凸显自我、张扬个性，更加凸显色彩对比，强调个人的个性和喜好（见图 6-15 和图 6-16 ）。

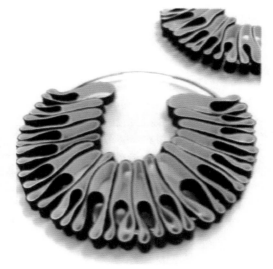

图 6-15　前卫风格项圈　　　　　　　　　　　　图 6-16　橡胶手套制项圈

## 6.1.10　象征风格首饰

象征风格首饰以象征性语意形式形成的一种首饰艺术的风格。象征风格首饰特点是在首饰设计中融入更多的设计语言，营造了一个含有隐喻又意味深长，迂回曲折又深沉含蓄，隐秘而富有哲理符号的首饰风格（见图 6-17 ）。

## 6.1.11　粗犷风格首饰

　　粗犷风格的首饰整体呈现闲适、潇洒、豪放、富于动感和视觉冲击力。粗犷风格的首饰一般都不合常规，通常具有独特的设计，力求线条简捷，比例大、细节小，有很夸张的图案，特别的做工，质朴大方、不留豪华精细痕迹。这类风格的首饰凸显设计者与佩戴者思想性格的奔放、不受压制，也易将人们的注意力吸引于首饰上而非佩戴者身上（见图6-18）。

图6-17　象征风格胸针

图6-18　粗犷风格手镯

## 6.1.12　趣味风格首饰

　　趣味风格的首饰具有以情趣引人入胜，让人感到愉快，能引起兴趣的特性。卡通造型是趣味风格首饰的主要题材，以增加首饰的感染力和表现力（见图6-19～图6-21）。

图6-19　趣味风格挂件　　　　图6-20　趣味风格戒指（一）　　　　图6-21　趣味风格戒指（二）

## 6.1.13　浪漫风格

　　浪漫风格的首饰具有优美精致的造型，多采用蝴蝶结、花瓣、花心型造型，线条流畅柔美，有着浓厚的女性味道，充满温柔、娇艳、细腻而浪漫的色彩，给人带来了悠闲浪漫和令人目眩的感受。比如娇美俏丽的花、蝴蝶、心形、镂空形的花边设计（见图6-22）。

## 6.1.14　后现代风格首饰

　　后现代主义风格是一种在形式上对现代主义进行修正的设计思潮与理念。后现代首饰设计理念完全抛弃了现代主义的严肃与简朴，往往具有一种历史隐喻性。后现代风格首饰特点：一是复古，从古至今的首饰设计中吸取灵感，结合现代技术和新材料来设计；二是重"文脉"，注重地方特色和历史文化传统的继承；三是重装饰，强调"多也是美"，充满大量的装饰细节，刻意制造出一种含混不清、令人迷惑的情绪，强调与空间的联系，使用非传统的色彩，充满谐谑（见图6-23和图6-24）。

图6-22　浪漫风格挂件　　　　图6-23　后现代风格项圈　　　　图6-24　后现代风格挂件

## 6.1.15　混搭风格首饰

混搭风格不仅流行在时装界，首饰设计也开始青睐混搭风格，包括首饰材质混搭，贵重金属与廉价材质混搭，色彩混搭，风格混搭等。是一种突出这个时代的自我、个性和无所不能的风格，给人以时尚的感觉（见图6-25和图6-26）。

图6-25　混搭风格戒指（一）　　　　　　图6-26　混搭风格戒指（二）

# 6.2　国内外著名首饰品牌介绍

在现代首饰百年的发展史中，出现了一些世界著名品牌，它们的缔造者或者首席设计师们是现代首饰时尚潮流的引领人，他们的作品是时尚界宠儿们趋之若鹜之物，也是业内其他品牌产品热衷仿效的榜样。这些闻名遐迩的品牌需要为我们所熟知。

# 6.2.1 世界顶级钻石品牌介绍

## 1. 戴比尔斯（De Beers）

创始人：塞西尔·罗德斯

注册地：南非约翰内斯堡（1888 年）

著名设计师：设计师群

品牌线：De Beers

品类：钻石开采、钻石珠宝饰品

图 6-27 戴比尔斯 Logo

品牌简述：De Beers 在 1888 年由塞西尔·罗德斯创办，现在公司总部在南非约翰内斯堡，是一家私人公司，DeBeers 是全球最大的钻石开采公司。De Beers 品牌之名源自精纯无瑕、浑然天成的卓越钻饰，被赋予了爱的情感内涵。De Beers 品牌风格定位为钻石品位、经典永恒。De Beers 将钻石的永恒精髓融入生气勃勃的当代经典设计之中，无论是艺术效果还是加工工艺，De Beers 都堪称钻石珠宝业的创新领导者。"钻石恒久远，一颗永流传"，这句闻名于世的钻石广告语来自于世界顶级钻石珠宝品牌——De Beers。

## 2. 蒂芙尼（Tiffany&Co）

创始人：查尔斯·刘易斯·蒂芙尼

注册地：美国纽约（1837 年）

著名设计师：Elsa Peretti、Paloma Picasso

Frank Gehry 、Jean schlumberger

品牌线：Tiffany&Co

品类：钻石珠宝饰品、银制品

图 6-28 蒂芙尼 Logo

品牌简述：Tiffany&Co 创建于 1837 年，由查尔斯·刘易斯·蒂芙尼贷款 1000 美元作为资本，在位于纽约市百老汇大街 259 号开设了一家名为 Tiffany&Young 的文具及日用精品店，刚开始是以银制餐具出名，后发展到今天世界上最大的珠宝公司之一，查尔斯自己则赢得了"钻石之王"的桂冠。蒂芙尼公司的宗旨是"对美和品格的不懈追求"，"经典"已经成为 TIFFANY 的代名词，它是珠宝界的皇后，以罗曼蒂克的梦幻主题风誉近两个世纪。蒂芙尼的创作精髓和理念皆焕发出浓郁的美国特色：简约鲜明的线条诉说着冷静超然的明晰与令人心荡神怡的优雅，和谐、比例与条理，在每一件蒂芙尼设计中自然地融合呈现。经典的蒂芙尼蓝色礼盒（Tiffany Blue Box）更成为美国洗练时尚独特风格的标志。20 世纪 80 年代，毕加索的女儿——巴罗玛·毕加索为蒂芙尼公司设计出象征亲吻的 X 造型的首饰风靡世界。

## 3. 宝格丽（Bvlgari）

创始人：索蒂里奥·宝格丽

注册地：意大利罗马（1884 年）

著名设计师：索蒂里奥·宝格丽、乔吉奥·宝格丽、科斯坦

蒂诺·宝格丽、保罗·宝格丽

图 6-29 宝格丽 Logo

品牌线：Bvlgari

品类：彩钻首饰、珠宝饰品

品牌简述：Bvlgari 源自希腊，创始人索蒂里奥·宝格丽是希腊伊庇鲁斯地区的一个银匠，并于 1884 年在意大利罗马创立宝格丽。在首饰生产中以色彩为设计精髓，独创性地用多种不同颜色的宝石进行搭配组合，再运用不同材质的底座，以凸显宝石的耀眼色彩，为了使宝石的色彩更为齐全，宝格丽首先在它的首饰上使用了半宝石，如珊瑚、紫晶、碧玺、黄晶、橄榄石等。此外，宝格丽开创了心型宝石切割法和其他许多新奇独特的镶嵌形状，这在当时是惊人之举。宝格丽是继法国卡迪亚和美国蒂芙尼之后的世界第三大珠宝品牌，它是色彩的王国，独特珠宝镶嵌工艺的创新者，其彩钻首饰也成为品牌珠宝的最大特色。

### 4. 宝诗龙（Boucheron）

创始人：费德列克·宝诗龙

注册地：法国巴黎（1858 年）

著名设计师：设计师群

品牌线：Boucheron

品类：珠宝饰品

图 6-30　宝诗龙 Logo

品牌简述：Boucheron 作为 GUCCI 集团旗下的顶级珠宝品牌，成立于 1858 年法国巴黎的宝诗龙，因其完美的切割技术和优质的宝石质量闻名于世，是珠宝界的翘楚，奢华的表征。宝诗龙是世界上为数不多的始终保持高级珠宝和腕表精湛的制作工艺和传统风格的珠宝商之一。宝诗龙坚持品牌独特的传统内涵，成为大胆奢华的现代珠宝首饰的代名词。

### 5. 梵克雅宝（Van Cleef & Arpels）

创始人：艾斯特尔·雅宝（EstelleArpels）

　　　　阿尔弗莱德·梵克（Alfred Van Cleef）

注册地：法国巴黎（1906 年）

著名设计师：设计师群

品牌线：Van Cleef & Arpels

品类：钻石珠宝饰品

图 6-31　梵克雅宝 Logo

品牌简述：来自法国巴黎的梵克雅宝的故事开始于一段美好的姻缘，珠宝的开始就隐含了美丽的爱情蜜语。19 世纪末，EstelleArpels 和 Alfred Van Cleef 的结合促成了最著名的珠宝品牌梵克雅宝（Van Cleef & Arpels）于 1906 年的诞生。梵克雅宝坚持采用上乘宝石和材质，加以发明的"隐藏式镶嵌法"技艺、匠心独具的理念，成就了其不朽的百年珠宝传奇。梵克雅宝代表着尊贵的气质与风采，它是莎士比亚诗般浪漫的珠宝花园，精灵居住的梦境国度。

### 6. 蒲昔拉蒂（Buccellati）

创始人：马里奥·蒲昔拉蒂

注册地：意大利米兰（1919 年）

著名设计师：吉安马里亚·蒲昔拉蒂

品牌线：Buccellati

品类：钻石珠宝饰品

图 6-32　蒲昔拉蒂 Logo

品牌简述：蒲昔拉蒂珠宝的品牌历史比很多欧洲国家都要长。1919 年，马里奥·蒲昔拉蒂（Mario Buccellati）在米兰开设了自己的第一家蒲昔拉蒂珠宝店，并选址在过去米兰非常著名的一家有 200 年历史的珠宝学院旧址上，而真正将蒲昔拉蒂珠宝带入世界顶级珠宝品牌的，则是他的儿子吉安马里亚·蒲昔拉蒂（Gianmaria Buccellati）。蒲昔拉蒂珠宝展现给人们的不仅是华贵与精美，更是其中蕴涵的艺术审美深层次的思考。它带来了卓越的手工工艺、浓郁的历史气息，以文艺复兴艺术光彩的简洁美，赢得了全世界皇室的青睐。

## 7. 海瑞·温斯顿（Harry Winston）

创始人：雅各布·温斯顿

注册地：美国纽约（1890 年）

著名设计师：设计师群

品牌线：Harry Winston

品类：钻石珠宝饰品

图 6-33　海瑞·温斯顿 Logo

品牌简述：海瑞·温斯顿品牌由雅各布·温斯顿（Jacob Winston）于 1890 年创立于美国纽约，是享誉全球超过百年的超级珠宝品牌。在切割钻石上的精湛工艺与周密谨慎的考量，总能让钻石转手增加数倍的价值。除伊莉莎白女王、温莎女公爵等王室贵族之外，好莱坞知名影星，更是海瑞·温斯顿珠宝的偏爱者。它被称为"钻石之王"，"世界上最高级珠宝代名词"。海瑞·温斯顿不仅是"明星的珠宝"，更是上流社会的象征。拥有一枚哈利·温斯顿的珠宝，意味着与传奇为伍。

## 8. 格拉夫（Graff）

创始人：格拉夫

注册地：英国（1966 年）

著名设计师：设计师群

品牌线：Graff

品类：钻石珠宝饰品

图 6-34　格拉夫 Logo

品牌简述：品牌创始人格拉夫于 1966 年在英国创立。格拉夫是高级珠宝的翘楚，从原石的搜寻、精工的切割、经典的设计以及对各种顶级宝石的采用，均不假外求。自 20 世纪 60 年代开始，格拉夫品牌已善于运用各种素材来制作珠宝，而以黄钻来衬托其他钻石或宝石，意味着世界上最难以置信的宝石。格拉夫的钻石珠宝是世界上绝无仅有的，钻石品质、设计、工艺均是最顶级的，在高级定制珠宝这个绝对奢侈的，钻石级的珠宝品项里，格拉夫就是钻石中的钻石，是钻石定制中的王者。

## 9. 丽傲闪钻（Leo Diamond）

创始人：Leo Schachter

注册地：美国（1952 年）

著名设计师：Leo Schachter 家族成员及设计师群

品牌线：Leo Diamond

品类：闪钻饰品

图 6-35　丽傲闪钻 Logo

品牌简述：品牌创始人 Leo Schachter 于 1952 年在美国创立丽傲闪钻。Leo Schachter 家族历逾半个世纪，为全球最大规模及具创意的钻石切割大师之一，为全球首屈一指的珠宝钻饰商店提供闪烁美钻，丽傲闪钻成为 Leo Schachter 的瞩目杰作。丽傲闪钻以独特而精湛的 82 个瓣面钻石设计、完美切割及打磨技巧、闪耀无与伦比的魅丽光芒闻名于世。LEO 闪钻，全世界最闪的钻石！

## 10. 波米雷特（Pomellato）

创始人：皮诺·拉博利尼

　　　　路易吉·西诺里

注册地：意大利（1967 年）

著名设计师：设计师群

品牌线：Pomellato

图 6-36　波米雷特 Logo

品类：钻石珠宝饰品

品牌简述：波米雷特是来自意大利的年轻珠宝品牌，创建于 1967 年，总部设在珠宝业重镇米兰，创始人是皮诺·拉博利尼和路易吉·西诺里。波米雷特的设计者将高级成衣的设计观念引入珠宝业，它彻底抛弃了高级精致珠宝只能使用昂贵材质的旧传统，大量采用色彩缤纷的有色宝石，并强调凸面。波米雷特始终传达的流行意念，一直为产品注入时尚概念，让珠宝不光买来收藏，还可随时随地让佩戴者"秀"出个人风格，是绝对的"独一无二"。

## 11. 德米亚尼（Damiani）

创始人：Enrico Grassi Damiani

注册地：意大利（1924 年）

著名设计师：Damiani 家族成员及设计师群

品牌线：Damiani

图 6-37　德米亚尼 Logo

品类：钻石饰品

品牌简述：Damiani 家族与珠宝的开始，可以推溯到 1924 年，创始人 Enrico Grassi Damiani 在意大利的 Valenza 成立了一间小型的工作室，华丽是其珠宝设计的风格，第二代传人 Damiano 在依循传统的设计风格之外，添加了摩登与流行的创意元素，同时积极将工作室转型成为珠宝品牌，并且以独特的半月形钻石镶嵌技法重新诠释出钻石光芒。1976 年开始，德米亚尼的作品陆续获得国际钻石大奖（其重要性有如电影艺术的奥斯卡奖项）18 次的肯定，让德米亚尼真正在国际珠宝市场占有一席之地。

## 6.2.2　世界水晶饰品品牌

### 1. 施华洛世奇（Swarovski）

创始人：丹尼尔·施华洛世奇一世

注册地：奥地利（1895 年）

著名设计师：设计师群

品牌线：Swarovski

品类：水晶饰品、水晶制造

图 6-38　施华洛世奇 Logo

品牌简述：1895 年创始人丹尼尔·施华洛世奇一世于奥地利创立了施华洛世奇公司，是世界上首屈一指的水晶制造商，每年为时装、首饰及水晶灯等工业提供大量优质的切割水晶石。同时施华洛世奇也是以优质、璀璨夺目和高度精确的水晶和相关产品闻名于世的奢侈品品牌。自 21 世纪初，施华洛世奇的仿水晶石已经在世界各地被认定为优质、璀璨夺目和高度精确的化身，奠定了施华洛世奇成功的基础。施华洛世奇的魅力源自材料的品质和采用的制造方法，施华洛世奇仿水晶的闪耀光芒之所以闻名于世，完全是由于他们的纯净、独特切割以及刻面的编排和数目。

### 2. 巴卡拉（Baccarat）

注册地：法国（1764 年）

著名设计师：设计师群

品牌线：Baccarat

品类：人造水晶饰品

图 6-39　巴卡拉 Logo

品牌简述：这个名为巴卡拉的世界著名人造水晶奢侈品品牌，于 1764 年受路易十五特许在法国创建，其华丽的光芒赢得了世界各国王侯贵族们的青睐，被誉为"王侯们的水晶"，法国的皇室御用级水晶品牌，经过岁月陶冶孕育而出的巴卡拉精品成为法国文化具有代表性的名牌产品，并在法国巴黎的万国博览会以及很多其他博览会上获奖，其生产的瑰丽而显赫的各类水晶珍品已经遍及世界各地，成为显赫、尊贵的代名词。而巴卡拉的成就从未停止，其设计理念与时俱进，并且永无止境，"完美"是巴卡拉的格言和口号，它代表着优雅与精巧以及奢侈、高社会地位、精致和有名望的生活方式。

### 3. Kosta Boda

注册地：瑞典（1742 年）

著名设计师：设计师群

品牌线：Kosta Boda

品类：水晶饰品、水晶器皿

图 6-40　Kosta Boda Logo

品牌简述：自 17 世纪开始生产水晶器皿，瑞典是世界水晶设计与制作工艺最知名的地方，在所有瑞典水晶品牌中，Kosta Boda 水晶生产历史最为悠久。Kosta Boda 水晶制品公司于 1742 年建立，Kosta Boda 水晶已成为瑞典珍贵的文化遗产之一。Kosta Boda 水晶不仅继承了古老的传统工艺，还充满了年轻的活力，用最灵性的语言表达出时尚潮流和对艺术的品位。Kosta Boda 水晶的设计风格是最现代、最具艺术感染力的，个人艺术表达的多样性及自由的不受约束的创作过程，已经成为 Kosta Boda 品牌与众不同的特征。

### 4. Orrefors

图 6-41　Orrefors Logo

注册地：瑞典（1898 年）

著名设计师：设计师群

品牌线：Orrefors

品类：水晶饰品

品牌简述：与 Kosta Boda 水晶的时尚、独特个性不同，Orrefors 是瑞典最具艺术性与收藏价值的水晶品牌之一，成立于 1898 年，距今已经有 100 多年的历史，它的"黑松鸡"标志已成为当今世界最著名的商标之一。Orrefors 的水晶是与众不同的，它光彩夺目的质感，与生俱来的艺术气质与灵性，能够随时随地散发出无法阻挡的魅力。

### 5. 莱俪（LALIQUE）

图 6-42　莱俪 Logo

创始人：René Lalique

注册地：法国

著名设计师：René Lalique

品牌线：LALIQUE

品类：纯手工工艺水晶饰品

品牌简述：法国莱俪是世界上最古老的也是最为著名的水晶品牌之一。莱俪由捕捉自然之趣的珠宝魔术师 René Lalique 开创，这位天才艺术家于 1885 年已凭其独特的设计及制造方法为珠宝世界带来革命性的改变，其作品至今仍然是博物馆与收藏家趋之若鹜的艺术珍品。19 世纪末法国珠宝业的复兴在很大程度上归功于 René Lalique，正是他重新诠释了现代珠宝的含义。莱俪的水晶制品，最善于利用玻璃与磨砂表面的对比，互生情趣，每一件莱俪作品都代表了创作者精神和独一无二的纯手工工艺的新成就。也正是凭借这种传承至今的创作原则和精湛手工，莱俪才能不断发展，为世人奉献更多的水晶艺术精品。时至今日，莱俪已经成为世界上最古老、最为著名的水晶品牌之一，它已经不再是一种产品，而是代表着一种优雅、高贵、有格调有品质追求的生活态度。

## 6.2.3　世界金银器名品

### 1. 帝爵（DERIER）

图 6-43　帝爵 Logo

创始人：Louise Derier

注册地：法国巴黎（1837 年）

著名设计师：Louise Derier

品牌线：DERIER

品类：金银器、珠宝镶嵌首饰

品牌简述：1837 年，帝爵的创始人 Louise Derier 在巴黎 Grands Boulevards 开始了金银器及珠宝镶嵌的专门店。由于家族传统的独特工艺技法以及 Louise Derier 认真的工作精神，使得帝爵为上流社会所推崇，成为法国社会上层、王公贵族的奢侈品。帝爵始终禀承典雅、华贵、时尚、浪漫的设计理念，将金银器及珠宝的天然特性、精湛的手工工艺和经典款式有机结合，完美地诠释出金银珠宝的经典与辉煌，让人们被它梦幻般的绚丽色彩所感染。

### 2. Oxette

注册地：希腊

著名设计师：设计师群

品牌线：Oxette

品类：银饰品、手表及配套饰品

图 6-44　Oxette Logo

品牌简述：Oxette 是来自希腊的首饰品牌，一直引领着希腊乃至欧洲银饰、手表及配套饰品市场，是国际上公认的时尚首饰品牌。它的产品特点是所有产品都是配套设计和生产的，是欧洲手工制作与现代技术完美的结合。Oxette 定位于 15 ~ 35 岁时尚、个性、成功自信、讲究生活品位的青春女性，利用稀有金属"镄"的增加，保持银的亮度以及耐磨性，用各种人造宝石、天然宝石、皮革等时尚元素创造流行，以 925 银为主材，点缀以南非南美洲天然石、半宝石、合成石及施华洛式奇水晶等，结合 100% 的欧洲手工制作，获得求新求变。Oxette 品牌的核心是创意，充满优雅和时尚的 Oxette 代表的是全新的生活方式。

### 3. 乔治·简森（Georg Jensen）

创始人：Georg Jensen

注册地：哥本哈根（1904 年）

著名设计师：Georg Jensen 及设计师群

品牌线：Georg Jensen

品类：银饰品、银雕

品牌简述：由丹麦银匠 Georg Jensen 于 1904 年在哥本哈根创建。乔治·简森是斯堪的纳维亚银雕艺术的杰出代表，被誉为"未来古董"，遵循实用性和美感兼具的设计理念，把丹麦传统装饰艺术元素和新的制作工艺、设计结合，给古老银器以新的活力。它的每件作品都流露浓郁的人文与雕塑形体之美。

图 6-45　乔治·简森 Logo

## 6.2.4　世界珍珠珠宝品牌

御木本（MIKIMOTO）

创始人：御木本幸吉

注册地：日本

著名设计师：御木本幸吉、矢岛友博

图 6-46　御木本 Logo

品牌线：MIKIMOTO

品类：珍珠饰品

品牌简述：日本御木本珠宝的创始人御木本幸吉先生享有"珍珠之王"的美誉，以他创造的人工培育珍珠方法历代传承已有百年历史。御木本珠宝体现了对经典品质与典雅完美的永恒追求。

## 6.2.5 主要兼营首饰和钟表的著名品牌

### 1. 卡地亚（Cartier）

创始人：Louis-Fran&ccedil、ois Cartier

注册地：法国巴黎（1847 年）

著名设计师：路易·卡地亚、皮尔·卡地亚、积斯·卡地亚、Lara Bohinc

图 6-47 卡地亚 Logo

品牌线：Cartier

品类：珠宝首饰、钟表

品牌简述：卡地亚品牌来自著名的法国钟表及珠宝制造商，于 1847 年由 Louis-Fran&ccedil、ois Cartier 在巴黎创办，1874 年由其孙路易·卡地亚、皮尔·卡地亚与积斯·卡地亚将其发展成世界著名品牌。回顾卡地亚的历史，就是回顾现代珠宝百年变迁的历史，在卡地亚的发展历程中，一直与各国的皇室贵族和社会名流保持着息息相关的联系和紧密的交往，并已成为全球时尚人士的奢华梦想。百年以来，美誉为"皇帝的珠宝商，珠宝商的皇帝"的卡地亚仍然以其非凡的创意和完美的工艺为人类创制出许多精美绝伦、无可比拟的旷世杰作。卡地亚设计，无论是高端珠宝或钟表，都有着时代特色结合传统工艺的神韵。卡地亚是一种象征，拥有者传达着世间最美好的语言都无法言喻的文化传承。

### 2. 伯爵（Piaget）

创始人：Georges Edouard Piaget

注册地：瑞士（1874 年）

著名设计师：Georges Edouard Piaget

品牌线：Piaget

品类：珠宝腕表、珠宝首饰

图 6-48 伯爵 Logo

品牌简述：1874 年 Georges Edouard Piaget 于瑞士创立了伯爵制表工作室，全心投入机芯的制造。创立伊始，伯爵专注于钟表机芯的设计和生产，20 世纪 60 年代以来，伯爵拓展其专业领域，陆续推出令人称奇的珠宝腕表和富于革新精神的珠宝系列。伯爵始终致力于提升创造力、修饰细节以及融合腕表和珠宝工艺等方面，从设计、制作蜡模型到镶嵌宝石，伯爵表始终秉承精益求精的宗旨。伯爵一直致力于培养奢侈尊贵的精神，同时优先发展创意和对细节的追求，将钟表与珠宝的工艺完全融合在一起。用制表的精湛工艺制作珠宝，擅长研发稀有、珍贵和独一无二的作品，体现高档品牌的风范，具有不断自我超越、出类拔萃的能力。伯爵（Piaget）品牌秉持其家族名言——"永远做得比要求的更好"。

### 3. 萧邦（CHOPARD）

图 6-49 萧邦 Logo

创始人：路易斯·尤利斯·萧邦（Louis Ulysse Chopard）

注册地：瑞士（1860 年）

著名设计师：设计师群

品牌线：CHOPARD

品类：怀表、精密腕表、钻石珠宝首饰

品牌简述：1860 年，路易斯·尤利斯·萧邦（Louis Ulysse Chopard）在瑞士汝拉地区创建高精确制表厂，以怀表和精密腕表著称。萧邦的钟表制作工艺超卓，在金质的怀表中享有杰出的声望。1863 年，来自德国的 Scheufele 家族收购了萧邦，把萧邦表跟钻石、音乐联系在一起，创制了它们的主力系列"快乐钻石"，不仅快乐，同时也充满了奢华与激情。把宝石令人赞叹的天然光辉完美地融合于人类的创意之中，从而孕育出卓尔不凡的杰作。萧邦是洋溢着动感音乐气息的"快乐钻石"的萧邦品牌，是传统与激情的完美结合。

### 4. 万宝龙（MontBlanc）

注册地：德国汉堡（1906 年）

著名设计师：设计师群

品牌线：MontBlanc

图 6-50 万宝龙 Logo

品类：珠宝、腕表、优质皮具、男士高级衬饰、文仪用品

品牌简述：1906 年，万宝龙创建于欧洲德国汉堡，历经近一个世纪，万宝龙已发展成为一个多元化的高档品牌，包括高档文仪用品、珠宝、腕表、优质皮具、男士高级衬饰等。万宝龙的品牌代表着高雅恒久的生活精品，反映着今日社会对文化、品位、设计、传统和优秀工艺的追求和礼赞，而优雅的六角白星标志已成为卓越品质与完美工艺的代表，集古典与经典于一身。

## 6.2.6 主营服装、兼营配饰、首饰的世界著名品牌

（1）1913 年由加布里埃尔·夏奈尔（Gabrielle Chanel）创立于巴黎的夏奈尔（Chanel）品牌。

（2）1946 年由克里斯汀·迪奥（Christian Dior）创立于巴黎的迪奥（Dior）品牌。

（3）1921 年由古西奥·古琦（Guccio Gucci）创立于佛罗伦萨的古琦（Gucci）品牌。

图 6-51 夏奈尔 Logo　　图 6-52 迪奥 Logo　　图 6-53 古琦 Logo

# 6.3　国内外首饰精品欣赏

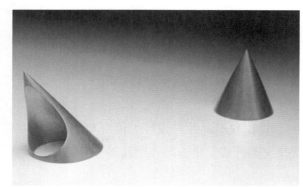

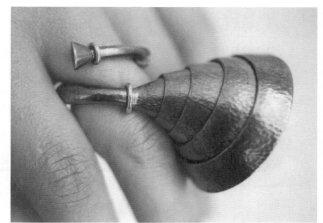

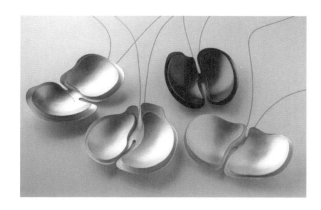
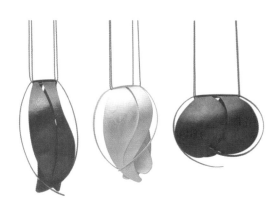

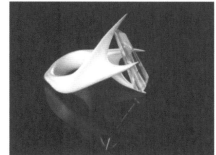

# 参 考 文 献

［1］ ［英］伊利莎白·奥尔弗 . 首饰设计［M］. 刘超，甘治欣，译 . 北京：中国纺织出版社，2004.4.

［2］ ［英］安娜斯塔尼亚·杨 . 首饰材料应用宝典［M］. 张正国，倪世一，译，上海：上海人民美术出版社，2010.1.

［3］ ［美］桑德拉·萨拉莫妮 . 珠宝饰品设计1000例［M］. 唐强，译 . 上海：上海人民美术出版社，2011.3.

［4］ 石青 . 首饰的故事［M］. 天津：百花文艺出版社，2003.1.

［5］ ［德］格罗塞 . 艺术的起源［M］. 蔡慕晖，译 . 北京：商务印书馆，1984.10.

［6］ 丁希凡 . 针编织服装设计与工艺［M］. 上海：东华大学出版社，2006.2.

［7］ 华梅 .21世纪国际顶级时尚品牌：饰品［M］. 北京：中国时代经济出版社，2007.1.

［8］ Marthe Le Van.21st Century Jewelry：The Best of the 500 Series.NewYork：2011.

［9］ 休·泰特 . 世界顶级珠宝揭秘［M］. 陈早，译 . 昆明：云南大学出版社，2010.10.

［10］ ［英］麦凯维，玛斯罗 . 时装设计：过程、创新与实践［M］. 郭平建，武力宏，况灿，译 . 北京：中国纺织出版社，2005.1.

［11］ 唐纳德·A·诺曼 . 情感化设计［M］. 付秋芳，程进三，译 . 北京：电子工业出版社，2005.4.

［12］ 张茵 . 时装设计绘画［M］. 苏州：苏州大学出版社，2007.10.

［13］ 王金华 . 民间银饰［M］. 北京：中国轻工业出版社，2006.9.

［14］ 赵丕成 . 切磋琢磨：玉器［M］. 上海：上海科技教育出版社，2007.1.

［15］ 沈成旸 . 金相玉质：首饰［M］. 上海：上海科技教育出版社，2007.7.

［16］ ［日］浜本隆志 . 戒指的文化史［M］. 钱杭，译 . 上海：上海书店出版社，2004.6.

［17］ 王小月 . 项饰说法——品头论足系列丛书［M］. 上海：上海科学核技术出版社，2001.4.

［18］ 高春明 . 中国服饰名物考［M］. 上海：上海文化出版社，2001.9.

［19］ 苏永刚 . 服装时尚元素的提炼与运用［M］. 重庆：重庆大学出版社，2007.1.

［20］ 黄能馥，陈娟娟 . 中国服饰史［M］. 上海：上海人民出版社，2004.9.

［21］ 沈从文 . 中国服饰史［M］. 西安：陕西师范大学出版社，2004.5.

［22］ ［美］马克·第亚尼 . 非物质社会［M］. 成都：四川人民出版社，2001.

［23］ 孙嘉英 . 首饰艺术设计［M］. 沈阳：辽宁美术出版社，2008.1.

［24］ 滕菲 . 材料艺术设计［M］. 青岛：青岛出版社，1999.3.

［25］ 滕菲 . 首饰设计—身体的寓言［M］. 福州：福建美术出版社，2006.1.

［26］ 滕菲 . 灵动的符号：首饰设计实验教程［M］. 北京：人民美术出版社，2004.6.

［27］ 滕菲 . 材料新视觉［M］. 长沙：湖南美术出版社，2000.12.

［28］ 诸葛铠 . 设计艺术学十讲［M］. 济南：山东画报出版社，2006.9.

［29］ 田自秉.中国工艺美术史［M］.上海：东方出版中心，1985.1.

［30］ 鲍小龙，刘月蕊.现代装饰图案设计［M］.上海：东华大学出版社，2002.11.

［31］ 徐宾.图案纹样基础［M］.北京：中国纺织出版社，2004.5.

［32］ 邹宁馨，伏永和，高伟.现代首饰工艺和设计［M］.北京：中国纺织出版社，2005.7.

［33］ 陈征，郭守国.珠宝首饰设计与鉴赏［M］.上海：学林出版社，2008.9.

［34］ 任进.首饰设计基础［M］.北京：中国地质大学出版社，2003.1.

［35］ 任进，王芳.创意无限：珠宝首饰设计进阶［M］.北京：社会科学文献出版社，2009.11.

［36］ 王渊，罗理婷.珠宝首饰绘画表现技法［M］.上海：上海人民美术出版社，2009.4.

［37］ 郑静.现代首饰艺术［M］.南京：江苏出版社，2002.6.

［38］ ［英］维格迪斯·莫·约翰森.迷人的珠宝［M］.张少伟，杨晓峰，译.郑州：河南科学技术
出版社，2008.5.

［39］ 杨永波.基础图案设计入门［M］.南宁：广西美术出版社，2009.2.

［40］ ［日］朝仓直己.艺术设计的平面构成［M］.上海：上海人民出版社，1987.1.

［41］ ［美］罗宾·兰达，罗丝·甘内拉，丹尼斯·M·安德森.奇思创意［M］.合肥：安徽美术出
版社，2004.1.

［42］ 李英豪.古董首饰［M］.沈阳：辽宁画报出版社，2000.10.

［43］ 北京大陆桥文化传媒.世界品牌故事珠宝卷［M］.北京：中国青年出版社，2009.8.

［44］ ［英］艾伦·鲍尔斯.自然设计［M］.王立非，刘民，王艳，译.南京：江苏美术出版社，
2001.12.

［45］ 孙紫威，李晓君，蔡智全.浅淡中国传统图案在现代首饰设计中的应用.工业设计［J］，2012.

［46］ 华天睿，王菁.中国传统图形元素在现代平面设计中的应用研究.艺术百家［J］，2010.

［47］ 王宇航.传统图形艺术在现代平面设计中的运用探究.大众文艺［J］，2013.

［48］ 张玮，元妍妍.国内外首饰设计及首饰展示的现状分析.大众文艺［J］，2010.

［49］ 张荣红，林斌，周汉利.中国首饰设计现状及发展对策.宝石和宝石学杂志［J］，2003.

# 后　记

　　艺术是永恒的，在艺术世界里，每个创作者都有自己独特的风格和品位，作为装饰艺术最古老的一种形式——首饰更是如此。它具备独特的制作工艺和悠久的文化传承，直至成为和人生命融为一体的符号和情感的承载。

　　时尚首饰设计是顺应时代的产物，虽然时尚每时每刻都在变化，但本书所选范例说明的原理却永远不会过时。成功的设计源于观察和思考，是解决问题的关键，作为时尚消费的首饰设计领域，如何通过观察思考，将感悟到的时尚元素有选择地合理运用于设计中，如何引领时尚潮流，创造时尚潮流，是我们需要共同思考的问题。

　　本书在编写过程中，参考了国内外学者对首饰艺术的研究和阐述，以及采用了同行和学生的作品、相关网站的资讯。在此谨向这些作者表示衷心感谢。

　　感谢上海交通大学媒体与设计学院同事的关心支持，特别感谢中国水利水电出版社淡智慧编辑的大力支持，感谢家人在此过程中给予最无私的支持，使得本书顺利出版。

　　由于时间较紧，加之学识的有限，不当之处在所难免，敬请各位专家学者同行不吝赐教。在此表示诚挚感谢！

丁希凡

2012 年 8 月于

上海交通大学